JN058003

AMPHIBIANS OF JAPAN

by Shintaro Seki and Masafumi Matsui

日本産 野外観察のための

# 両生類図鑑

著 関 慎太郎　　監修 松井 正文

日本に生息する
両生類100種類を網羅

緑書房

# はじめに　~両生類を求めて~

両生類に興味を持ち始めたのは、僕が20歳を少し過ぎた頃だった。最初はアカハライモリとニホンヤモリの区別さえもつかなかった僕が、日本に生息するほぼ全種の両生類に出会い、写真に収めることができたのは、地元の愛好家や研究者の助けがあってこそである。ベストシーズンに彼らが発見した秘密のフィールドに誘っていただいたことによって、日本の両生類全種を載せるという本書を完成できたのだ。

何度も足を運ばなくてはみつけることができない種もあり、全てに出会うまでには数多くの困難があった。アウトドア未経験の僕が2,000 m級の山へ登ったり、無謀にも沢登りに挑戦して怪我をしたり、お世辞にもいい思い出があったとは言えない。しかし、両生類達の躍動感溢れる決定的なシーンを撮影した時の喜びは計りしれない。鳴いている姿、正面顔、そして笑顔（のようにみえる）に出会えれば、苦労も疲れも吹っ飛んでしまう。

両生類の撮影はとても楽しい。僕にとっては、両生類のシーズンである春から夏にかけては大忙しで、家に帰る間もない。夜中まで撮影した帰路、畦道で空を見上げれば満天の星空があり、カエルの鳴き声のBGMが聞こえてくる。こんなぜいたくは、そう簡単には味わえない。

なぜこれほどまでに両生類に取り憑かれたのかと考えてみると、それは彼らのチャーミングな顔にあるのだと思う。特に正面顔には愛嬌があり、ディフォルメしたカエルグッズは女性にも人気があるが、僕から言わせればそれは当たり前だ。なぜなら実物がかわいいからである。魅力はそれだけではない。両生類がすんでいる場所（特に水辺環境）にはたくさんの生き物達が共存している。良好な環境には、種類も数も多く、観察を始めると時が経つのを忘れてしまう。

そんな気持ちをたくさんの人にも知ってほしいという思いから、本書では生態写真に力を注いだ。ありのままのカエルやイモリ、サンショウウオの姿をみてほしいのだ。そして次のステップとして、彼らの生息地にも足を延ばしていただきたい。幸運にも日本は両生類大国で、特にカエルは身近な場所にも生息している。さあ、本書を片手にフィールドに出かけよう！

自然写真家
関 慎太郎

# 監修をおえて

2016年の本書初版刊行後の2018年に、私は日本産のカエル類についての知見をまとめ直した。さらに、その後の研究の結果、2020年になってから新たに2種の新種を発表することになった。分類の研究は絶えず続いているのだ。サンショウウオでは、2018年に改訂した本書第2版に掲載したカスミサンショウウオ群が、2019年に分割されることとなった。これによって日本産の両生類種数は、83種類から100種類へと大幅に増加した。これらの種の多くは隠蔽種と呼ばれ、広域分布するとされていたものが、主に遺伝的証拠からいくつかにわかれ、それぞれが独立種とされたものである。そしてこの間に少なからぬ和名や学名に変更があった。和名の変更は混乱を防ぐことを目的とした日本爬虫両棲類学会の標準和名統一作業の結果である。一方、学名の変更は、長い間、主に形態に基づいていた分類が、分子系統解析の結果を用いるようになって変わったためである。例えばヌマガエル類はアカガエル類と科のレベルで、またトノサマガエルとニホンアカガエルは属のレベルでわけられることになった。

このような大きな変更にとまどう読者も多いだろう。しかも今後これで変更がなくなるという保証もない。しかし、どこかの時点で現状をまとめておかねば読者は混乱するばかりであろう。従って、本書のような書物が世に出ることは、日本の両生類の現状を知らせる上でとても意義のあることだと思う。

カメラマン関慎太郎氏の写真はすばらしく、最新の希少種までよく集めたものだと感心するが、どの写真も年月をかけ、汗を流していいシーンとの出会いを求めた結果の作品と思う。また種別の解説も入念なデータ調査を経て準備されたものである。本書の狙いから種の特徴を最小限で示すに留めているが、著者の言い回しに配慮しながら、監修者として誤りを最小にすべく努めた。

本書のような両生類の観察を主体とした図鑑は普遍的なテーマであり、今後も出版されていくだろうが、生物多様性だけでなく書物の多様性も同様に重要である。そのような中で、本書が読者に選ばれ、その魅力と価値を読者自身の手で引き出していただくことを期待している。

京都大学名誉教授
松井 正文

# 目次
CONTENTS



## 第1章　生体・識別

日本に生息する両生類を切り抜き写真で全種掲載
学名、全長、分布等の概要を紹介

### 有尾目
[CAUDATA]

### 無尾目
[ANURA]

# 第2章　卵・幼生

日本に生息する両生類の卵、幼生、幼体を掲載
成体と異なる特徴を比較

# 第3章　生態・野外

日本に生息する両生類のフィールドで撮影した美しい生態写真を掲載
生物学的特徴や生息地等の情報を詳細に解説

**◆有尾目**



**◆無尾目**

[コラム]

# 日本の両生類

日本で知られている両生類は、有尾目50種類、無尾目50種類（日本爬虫両棲類学会ホームページ、2020年11月16日現在）です。この中には、外国から移入された帰化種も含まれますが、日本の両生類の約80%は、日本固有種で形成されるという独自の生物多様性を誇っています。この種類数は南に行くほど多いことが知られています。トカラ列島の悪石島と小宝島の間にある「渡瀬線」で、気候の違い等から大きく生物相が変わります。その南に位置する琉球列島では島ごとにカエルを中心とした特有の生物相がみられます。北側では、山地には小型サンショウウオ、平地にはカエルがみられます。何と言っても世界に誇る最大の両生類・オオサンショウウオがいることを忘れてはいけません。日本は南北に細長い島国であることから多様な自然環境を有しており、その豊かな大地ではたくさんの両生類が育まれています。世界的にみると決して種類が多いわけではありませんが、国の面積や地域性、気候から考えると他所に引けを取らないと考えられます。

現生の両生類は世界に8,245種類（2020年11月19日現在）が知られています。大きくわけると有尾目、無尾目、無足目（日本にはいない）の3つのグループにわかれています。両生類の特徴は、水に関わる環境にすんでいて、湿った皮膚を持っています。卵はむき出しでニワトリの卵のように固い殻で包まれていません。幼生には鰓があり、主に水中で生活し、成長すると陸で暮らせるように体が変化します。両生類は名前の通り、陸上には進出できたのですが、水中と陸上の両方がなければ生きていけない、環境の変化にとても敏感な生物なのです。

一昔前まではそれほど注目されなかった両生類ですが、環境変化のバロメーターであることから、最近注目度が高まっています。必ずしも良い注目ばかりではないですが、注目されることにより研究成果が人目に触れるようになりました。研究の進展はめまぐるしく、この本を作成している間にも多くの生物に新しい名前が付きました。この機会に豊かな森と水辺環境を中心とした自然環境に触れ、そこにすむ両生類を通して彼らを育んだすばらしい自然をみつめなおしてみましょう。

## 日本産両生類標準和名リスト（2020年11月16日版）

| 目 | 科 | 属 | 標準和名 |
|---|---|---|---|
| 有尾目 | オオサンショウウオ科 | オオサンショウウオ属 | オオサンショウウオ |
| | サンショウウオ科 | キタサンショウウオ属 | キタサンショウウオ |
| | | サンショウウオ属 | アカイシサンショウウオ |
| | | | アキサンショウウオ |
| | | | アブサンショウウオ |
| | | | アベサンショウウオ |
| | | | アマクササンショウウオ |
| | | | イシヅチサンショウウオ |
| | | | イヨシマサンショウウオ |
| | | | イワミサンショウウオ |
| | | | エゾサンショウウオ |
| | | | オオイタサンショウウオ |
| | | | オオスミサンショウウオ |
| | | | オオダイガハラサンショウウオ |
| | | | オキサンショウウオ |
| | | | カスミサンショウウオ |
| | | | クロサンショウウオ |
| | | | コガタブチサンショウウオ |
| | | | サンインサンショウウオ |
| | | | セトウチサンショウウオ |
| | | | ソボサンショウウオ |
| | | | チクシブチサンショウウオ |
| | | | チュウゴクブチサンショウウオ |
| | | | ツシマサンショウウオ |
| | | | ツルギサンショウウオ |
| | | | トウキョウサンショウウオ |
| | | | トウホクサンショウウオ |
| | | | トサシミズサンショウウオ |
| | | | ハクバサンショウウオ |
| | | | ヒガシヒダサンショウウオ |
| | | | ヒダサンショウウオ |
| | | | ヒバサンショウウオ |
| | | | ブチサンショウウオ |
| | | | ベッコウサンショウウオ |
| | | | ホクリクサンショウウオ |
| | | | マホロバサンショウウオ |
| | | | ミカワサンショウウオ |
| | | | ヤマグチサンショウウオ |
| | | | ヤマトサンショウウオ |
| | | ハコネサンショウウオ属 | キタオウシュウサンショウウオ |
| | | | シコクハコネサンショウウオ |
| | | | タダミハコネサンショウウオ |
| | | | ツクバハコネサンショウウオ |
| | | | ハコネサンショウウオ |
| | | | バンダイハコネサンショウウオ |
| | イモリ科 | イモリ属 | アカハライモリ |
| | | | アマミシリケンイモリ |
| | | | オキナワシリケンイモリ |
| | | イボイモリ属 | イボイモリ |

※本書ではこれに加えて、「チュウゴクオオサンショウウオ」と「オオサンショウウオとチュウゴクオオサンショウウオの交雑個体」について掲載している。

| 目 | 科 | 属 | 標準和名 |
|---|---|---|---|
| 無尾目 | ピパ科 | ツメガエル属 | アフリカツメガエル |
| | ヒキガエル科 | ヒキガエル属 | アズマヒキガエル |
| | | | ミヤコヒキガエル |
| | | | ナガレヒキガエル |
| | | | ニホンヒキガエル |
| | | ナンベイヒキガエル属 | オオヒキガエル |
| | アマガエル科 | アマガエル属 | ニホンアマガエル |
| | | ヨーロッパアマガエル属 | ハロウエルアマガエル |
| | アカガエル科 | アカガエル属 | アマミアカガエル |
| | | | エゾアカガエル |
| | | | タゴガエル |
| | | | オキタゴガエル |
| | | | ヤクシマタゴガエル |
| | | | チョウセンヤマアカガエル |
| | | | ツシマアカガエル |
| | | | ナガレタゴガエル |
| | | | ニホンアカガエル |
| | | | ネバタゴガエル |
| | | | ヤマアカガエル |
| | | | リュウキュウアカガエル |
| | | トノサマガエル属 | トウキョウダルマガエル |
| | | | ナゴヤダルマガエル |
| | | | トノサマガエル |
| | | ツチガエル属 | ツチガエル |
| | | | サドガエル |
| | | アメリカアカガエル属 | ウシガエル |
| | | ニオイガエル属 | アマミハナサキガエル |
| | | | アマミイシカワガエル |
| | | | オオハナサキガエル |
| | | | オキナワイシカワガエル |
| | | | コガタハナサキガエル |
| | | | ハナサキガエル |
| | | ハラブチガエル属 | ヤエヤマハラブチガエル |
| | | バビナ属 | オットンガエル |
| | | | ホルストガエル |
| | ヌマガエル科 | ヌマガエル属 | サキシマヌマガエル |
| | | | ヌマガエル |
| | | クールガエル属 | ナミエガエル |
| | アオガエル科 | アオガエル属 | オキナワアオガエル |
| | | | アマミアオガエル |
| | | | シュレーゲルアオガエル |
| | | | モリアオガエル |
| | | | ヤエヤマアオガエル |
| | | シロアゴガエル属 | シロアゴガエル |
| | | アイフィンガーガエル属 | アイフィンガーガエル |
| | | カジカガエル属 | カジカガエル |
| | | | リュウキュウカジカガエル |
| | | | ヤエヤマカジカガエル |
| | ヒメアマガエル科 | ヒメアマガエル属 | ヒメアマガエル |
| | | | ヤエヤマヒメアマガエル |

出典：日本爬虫両棲類学会ウェブサイト

■日本列島と南西諸島の地図

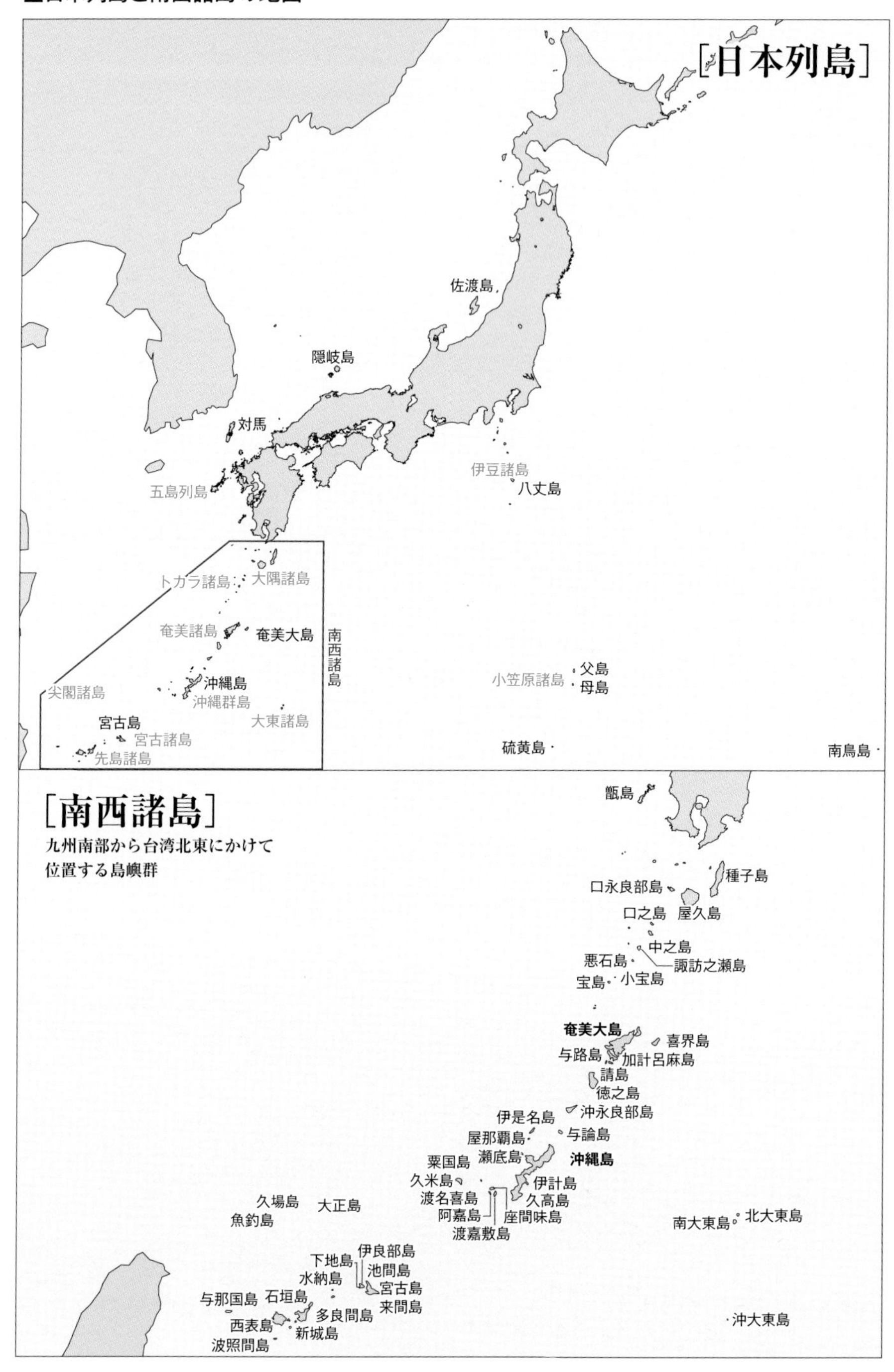

## 環境省レッドリスト2020（RL2020）のカテゴリー

| カテゴリー（ランク） | 概要 |
|---|---|
| 絶滅（EX） | 我が国では既に絶滅したと考えられる種 |
| 野生絶滅（EW） | 飼育・栽培下あるいは自然分布域の明らかに外側で野生化した状態でのみ存続している種 |
| 絶滅危惧Ⅰ類（CR+EN） | 絶滅の危機に瀕している種 |
| 　絶滅危惧ⅠA類（CR） | ごく近い将来における野生での絶滅の危険性が極めて高いもの |
| 　絶滅危惧ⅠB類（EN） | ⅠA類ほどではないが、近い将来における野生での絶滅の危険性が高いもの |
| 絶滅危惧Ⅱ類（VU） | 絶滅の危険が増大している種 |
| 準絶滅危惧（NT） | 現時点での絶滅危険度は小さいが、生息条件の変化によっては「絶滅危惧」に移行する可能性のある種 |
| 情報不足（DD） | 評価するだけの情報が不足している種 |
| 絶滅のおそれのある地域個体群（LP） | 地域的に孤立している個体群で、絶滅のおそれが高いもの |

本書では、「環境省レッドリスト2020」をRL2020と表記し、第3章の解説部において種別に記載する。

アカイシサンショウウオ（絶滅危惧ⅠB類）

ハクバサンショウウオ（絶滅危惧ⅠB類）

コガタハナサキガエル（絶滅危惧ⅠB類）

ナミエガエル（絶滅危惧ⅠB類）

# 各部名称

## ◆アカハライモリ（上：成体、下：幼生）

目
まぶたが動くものが多い

胴
長い胴をしている

尾
変態しても長い尾がある

前肢
指は４本

後肢
指は５本のものが多い

アカハライモリの幼生

外鰓
水中の酸素をとり込み呼吸をする

目

尾
ひれがある

前肢
先に生えてくる

後肢

## ◆ニホンアマガエル（上：成体、下：幼生）

皮膚
うすくてしめり気がある

目
飛び出していて、
上まぶたと下まぶたがある

鼓膜
人と違い、むき出しになっている

尾はない

前肢
指は４本のものが多い。
指先に吸盤を持っている
ものもいる

後肢
指は５本。
多くの種に水かきがある

噴水孔
えらを通った水の出口。
前肢が出てくる

目

尾
ひれがある。
成長するとなくなる

口
黒いくちばしがあり
小さな歯列がある

後肢
先に生えてくる

第1章

# 生体・識別

■日本に生息する両生類を切り抜き写真で全種掲載
■学名、全長、分布等の概要を紹介

## 第1章の使い方

標準和名、学名、全長、分布

2章、3章の掲載ページ

撮影地等の個体情報

目、科の分類

◆ キタオウシュウサンショウウオ サンショウウオ科ハコネサンショウウオ属
*Onychodactylus nipponoborealis* Kuro-o, Poyarkov et Vieites, 2012
● 全長：10～19㎝
● 分布：宮城県北部、山形県北部以北の本州
卵・幼生➡58頁
生態・野外➡115頁

成体：秋田県にかほ市

◆ ハコネサンショウウオ サンショウウオ科ハコネサンショウウオ属
*Onychodactylus japonicus* (Houttuyn, 1782)
● 全長：13～19㎝

## ◆ オオサンショウウオ オオサンショウウオ科オオサンショウウオ属

卵・幼生➡54頁
生態・野外➡108頁

*Andrias japonicus* (Temminck, 1836)

●全長：30 ～ 150㎝
●分布：岐阜県・愛知県以西の本州、四国、九州の一部

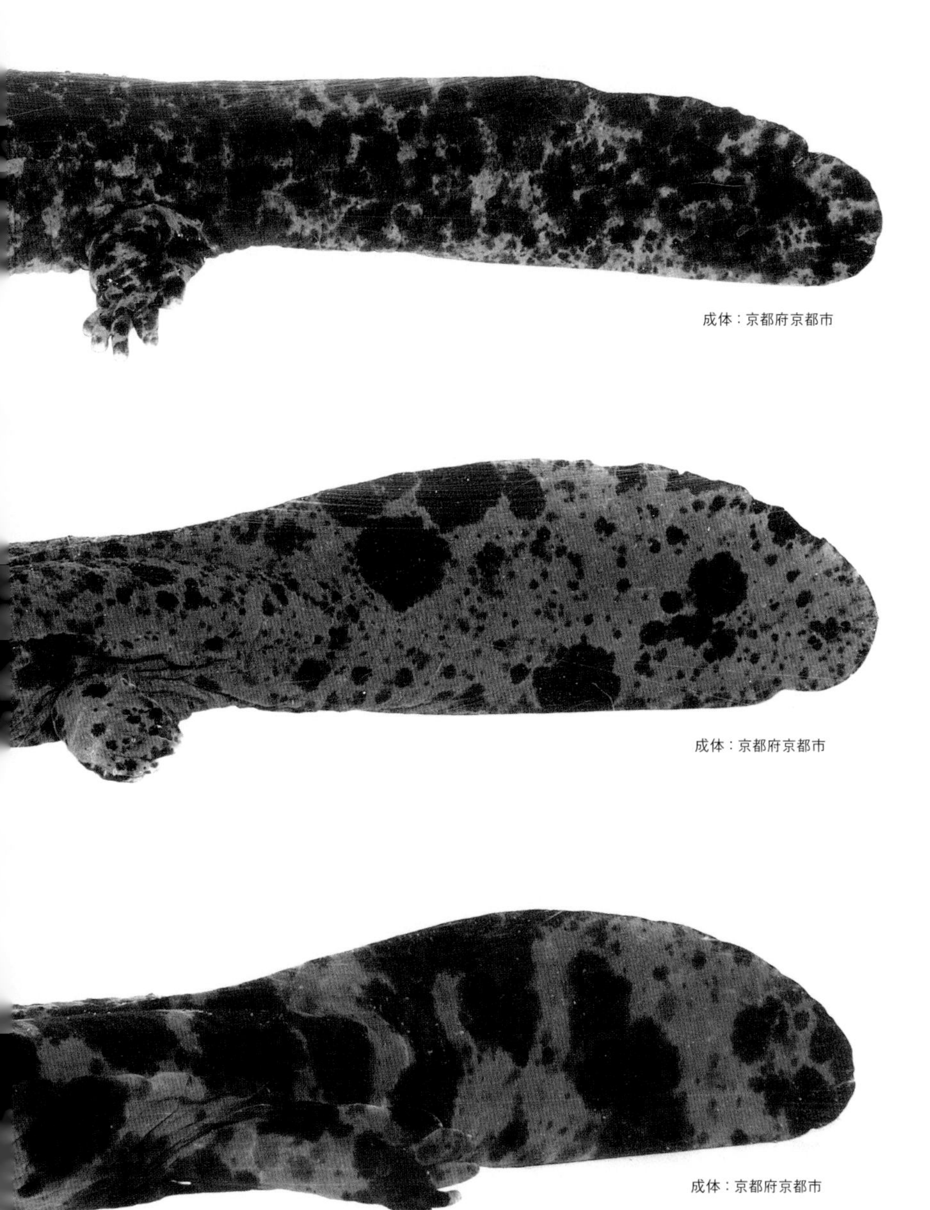

成体：京都府京都市

成体：京都府京都市

成体：京都府京都市

## ◆ チュウゴクオオサンショウウオ オオサンショウウオ科オオサンショウウオ属

*Andrias davidianus* (Blanchard, 1871)

●全長：30 ～ 150㎝
●分布：原産地は中国。京都府、三重県等に移入

生態・野外➡113頁

成体：京都府京都市

卵・幼生➡57頁

### [オオサンショウウオとチュウゴクオオサンショウウオの交雑個体]

生態・野外➡114頁

京都府、滋賀県、三重県、奈良県、岡山県等では、チュウゴクオオサンショウウオとの交雑個体がみつかっている。見た目では判断ができない。

成体：京都府京都市

幼生(1年未満)：
京都府京都市

幼生(3年目)：
京都府京都市

幼体(4年目)：
京都府京都市

## ◆ キタオウシュウサンショウウオ サンショウウオ科ハコネサンショウウオ属

卵・幼生➡58頁
生態・野外➡115頁

*Onychodactylus nipponoborealis* Kuro-o, Poyarkov et Vieites, 2012

●全長：10～19㎝
●分布：宮城県北部、山形県北部以北の本州

成体：秋田県にかほ市

## ◆ ハコネサンショウウオ サンショウウオ科ハコネサンショウウオ属

*Onychodactylus japonicus* (Houttuyn, 1782)

●全長：13～19㎝
●分布：新潟県、福島県、茨城県から山口県までの本州
（千葉県と大阪府は除く）

卵・幼生➡59頁　生態・野外➡116頁

幼体：福島県南会津郡

オス：福島県南会津郡

メス：福島県南会津郡

成体：滋賀県米原市

成体：滋賀県米原市

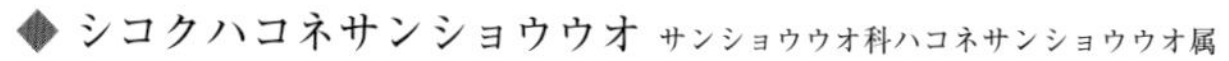

## ◆ シコクハコネサンショウウオ サンショウウオ科ハコネサンショウウオ属

*Onychodactylus kinneburi* Yoshikawa, Matsui, Tanabe et Okayama, 2013

●全長：16 ～ 18㎝
●分布：愛媛県、高知県、徳島県、岡山県、広島県、山口県

卵・幼生➡60頁　生態・野外➡118頁

幼体：高知県高知市

成体：徳島県三好市

## ◆ ツクバハコネサンショウウオ サンショウウオ科ハコネサンショウウオ属

卵・幼生➡61頁
生態・野外➡119頁

*Onychodactylus tsukubaensis* Yoshikawa et Matsui, 2013

●全長：10 ～ 19㎝
●分布：茨城県の筑波山系

幼体：茨城県つくば市

成体：茨城県つくば市

## ◆ タダミハコネサンショウウオ サンショウウオ科ハコネサンショウウオ属

卵・幼生➡61頁
生態・野外➡120頁

*Onychodactylus fuscus* Yoshikawa et Matsui, 2014

●全長：14 ～ 16㎝
●分布：福島県西部、新潟県中部

成体：福島県南会津郡

## ◆ バンダイハコネサンショウウオ サンショウウオ科ハコネサンショウウオ属

卵・幼生➡62頁
生態・野外➡121頁

*Onychodactylus intermedius* Yoshikawa et Matsui, 2014

●全長：14 ～ 17㎝
●分布：山形県、宮城県南部、新潟県北部、福島県東部、茨城県北東部

幼体：福島県郡山市

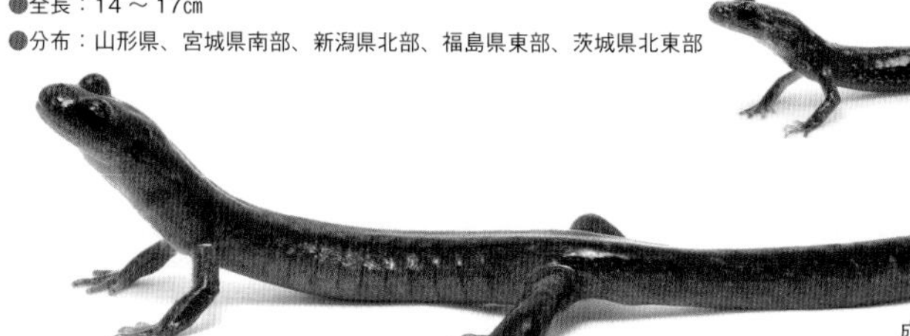

成体：福島県郡山市

## ◆ キタサンショウウオ サンショウウオ科キタサンショウウオ属

卵・幼生➡62頁　生態・野外➡122頁

*Salamandrella keyserlingii* Dybowski, 1870

●全長：11～15cm

●分布：北海道の釧路湿原及び上士幌町、北方領土の国後島
ヨーロッパロシア東部

幼体：北海道釧路市

成体：北海道釧路市

## ◆ エゾサンショウウオ サンショウウオ科サンショウウオ属

卵・幼生➡63頁
生態・野外➡123頁

*Hynobius retardatus* Dunn, 1923

●全長：12～20cm

●分布：北海道

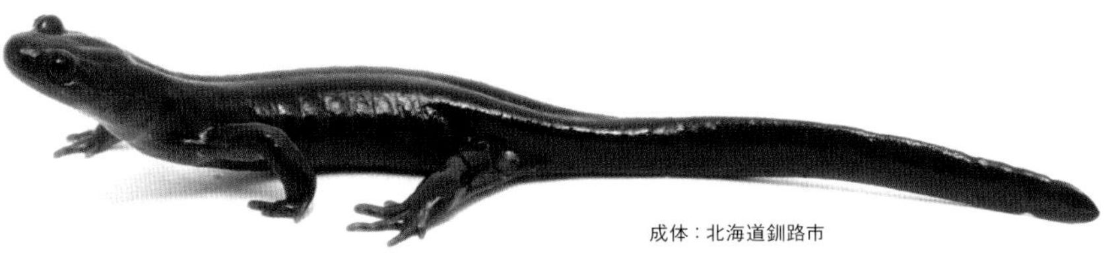

成体：北海道釧路市

## ◆ オオダイガハラサンショウウオ サンショウウオ科サンショウウオ属

*Hynobius boulengeri* (Thompson, 1912)

●全長：14～20cm

●分布：紀伊半島（三重県、奈良県、和歌山県）

卵・幼生➡63頁　生態・野外➡124頁

幼体：和歌山県西牟婁郡

成体：和歌山県西牟婁郡

## ◆ ヒダサンショウウオ サンショウウオ科サンショウウオ属

卵・幼生➡64頁
生態・野外➡125頁

*Hynobius kimurae* Dunn, 1923

●全長：7～18cm

●分布：中部地方から中国地方

成体：兵庫県神戸市

## ◆ ヒガシヒダサンショウウオ サンショウウオ科サンショウウオ属

卵・幼生➡64頁　生態・野外➡126頁

*Hynobius fossigenus* Okamiya, Sugawara, Nagano et Poyarkov, 2018

●全長：14～19㎝

●分布：関東地方西部～愛知県北東部にかけて

成体：山梨県都留郡

成体：東京都西多摩郡

## ◆ ブチサンショウウオ サンショウウオ科サンショウウオ属

卵・幼生➡65頁　生態・野外➡127頁

*Hynobius naevius* (Temminck et Schlegel, 1838)

●全長：14～15㎝

●分布：福岡県、佐賀県、長崎県

幼体：佐賀県神埼市

成体：佐賀県神埼市

## ◆ チュウゴクブチサンショウウオ サンショウウオ科サンショウウオ属

*Hynobius sematonotos* Tominaga,Matsui et Nishikawa, 2019

●全長：13～14㎝

●分布：鳥取県、岡山県～山口県にかけての中国地方

卵・幼生➡65頁　生態・野外➡128頁

成体：島根県仁多郡

## ◆ チクシブチサンショウウオ サンショウウオ科サンショウウオ属

卵・幼生➡65頁　生態・野外➡129頁

*Hynobius oyamai* Tominaga,Matsui et Nishikawa, 2019

●全長：14～15㎝

●分布：福岡県、熊本県、大分県

成体：福岡県北九州市

## ◆ アカイシサンショウウオ サンショウウオ科サンショウウオ属

卵・幼生➡66頁
生態・野外➡130頁

*Hynobius katoi* Matsui, Kokuryo, Misawa et Nishikawa, 2004

●全長：9～11㎝
●分布：静岡県、長野県、愛知県、山梨県

幼体：長野県飯田市

成体：長野県飯田市

## ◆ イシヅチサンショウウオ サンショウウオ科サンショウウオ属

*Hynobius hirosei* Lantz, 1931

●全長：18～20㎝
●分布：香川県、愛媛県、高知県、徳島県

卵・幼生➡66頁　生態・野外➡131頁

成体（オス）：高知県高知市

成体（メス）：徳島県三好市

## ◆ コガタブチサンショウウオ サンショウウオ科サンショウウオ属

*Hynobius stejnegeri* Dunn, 1923

●全長：8～13㎝
●分布：福岡県、大分県、熊本県、宮崎県、鹿児島県

卵・幼生➡66頁　生態・野外➡132頁

成体：福岡県田川郡

## ◆ イヨシマサンショウウオ サンショウウオ科サンショウウオ属

*Hynobius kuishiensis* Tominaga, Matsui, Tanabe et Nishikawa

●全長：12～14cm

●分布：愛媛県、高知県、徳島県

卵・幼生➡67頁　生態・野外➡133頁

成体：高知県高知市

## ◆ マホロバサンショウウオ サンショウウオ科サンショウウオ属

*Hynobius guttatus* Tominaga, Matsui, Tanabe et Nishikawa

●全長：11～13cm

●分布：岐阜県、愛知県、滋賀県、大阪府、奈良県、三重県、和歌山県

卵・幼生➡67頁　生態・野外➡134頁

成体：滋賀県東近江市

## ◆ ツルギサンショウウオ サンショウウオ科サンショウウオ属

*Hynobius tsurugiensis* Tominaga, Matsui, Tanabe et Nishikawa

●全長：12～14cm

●分布：徳島県、高知県の剣山周辺

卵・幼生➡67頁　生態・野外➡135頁

成体：徳島県三好市

## ◆ ソボサンショウウオ サンショウウオ科サンショウウオ属

*Hynobius shinichisatoi* Nishikawa et Matsui, 2014

●全長：16 ～ 19㎝

●分布：大分県、熊本県、宮崎県の祖母傾山系

**卵・幼生➡68頁　生態・野外➡136頁**

成体：大分県豊後大野市

## ◆ オオスミサンショウウオ サンショウウオ科サンショウウオ属

*Hynobius osumiensis* Nishikawa et Matsui, 2014

●全長：13 ～ 15㎝

●分布：鹿児島県大隅半島

**卵・幼生➡68頁　生態・野外➡137頁**

成体：鹿児島県 大隈半島

## ◆ ベッコウサンショウウオ サンショウウオ科サンショウウオ属

*Hynobius ikioi* Matsui, Nishikawa et Tominaga, 2017

●全長：12 ～ 18㎝

●分布：熊本県、宮崎県、鹿児島県北部

**卵・幼生➡69頁　生態・野外➡138頁**

幼体：熊本県上益城郡

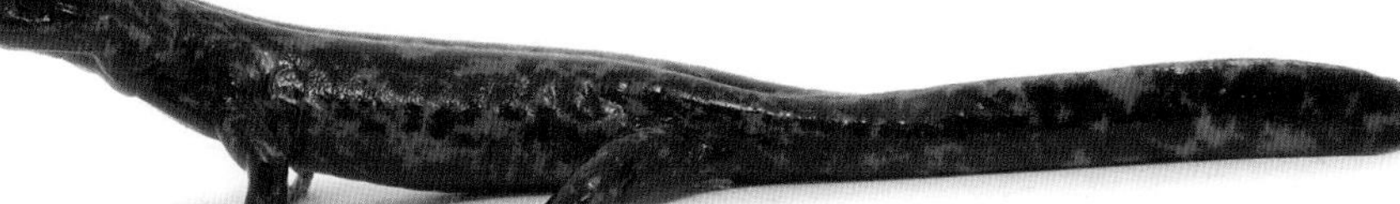

成体：熊本県上益城郡

成体：宮崎県椎葉村

## ◆ アマクササンショウウオ サンショウウオ科サンショウウオ属

*Hynobius amakusaensis* Nishikawa et Matsui, 2014

●全長：13 ～ 16㎝

●分布：長崎県天草諸島

生態・野外➡139頁

成体：熊本県 天草諸島

## ◆ アベサンショウウオ サンショウウオ科サンショウウオ属

*Hynobius abei* Sato, 1934

●全長：8 ～ 12㎝

●分布：石川県、福井県、京都府、兵庫県の一部

卵・幼生➡70頁　生態・野外➡140頁

成体：福井県あわら市

## ◆ オキサンショウウオ サンショウウオ科サンショウウオ属

卵・幼生➡70頁
生態・野外➡141頁

*Hynobius okiensis* Sato, 1940

●全長：12 ～ 13㎝

●分布：島根県の隠岐島後

成体（オス）：島根県 隠岐島

成体（メス）：島根県 隠岐島

## ◆ クロサンショウウオ サンショウウオ科サンショウウオ属

卵・幼生➡70頁
生態・野外➡142頁

*Hynobius nigrescens* Stejneger, 1907

●全長：12～19㎝
●分布：福井県～長野県～茨城県以北の本州、佐渡島

成体：宮城県黒川郡

成体：石川県金沢市

## ◆ サンインサンショウウオ サンショウウオ科サンショウウオ属

卵・幼生➡71頁
生態・野外➡143頁

*Hynobius setoi* Matsui,Tanabe et Misawa, 2019

●全長：8～12㎝
●分布：兵庫県北西部～島根県東部

成体：島根県松江市

## ◆ ホクリクサンショウウオ サンショウウオ科サンショウウオ属

*Hynobius takedai* Matsui et Miyazaki, 1984

●全長：10～12㎝
●分布：石川県、富山県

卵・幼生➡71頁　生態・野外➡144頁

幼体：富山県射水市

成体：富山県射水市

## ◆ ミカワサンショウウオ サンショウウオ科サンショウウオ属

卵・幼生➡71頁
生態・野外➡145頁

*Hynobius mikawaensis* Matsui, Misawa, Nishikawa et Shimada, 2017

●全長：8～10㎝
●分布：愛知県東部

成体：愛知県豊田市

成体：愛知県豊田市



## ◆ トウホクサンショウウオ サンショウウオ科サンショウウオ属

*Hynobius lichenatus* Boulenger, 1883

●全長：9～14㎝
●分布：東北地方及び新潟県、群馬県、栃木県

幼体：福島県郡山市

成体：新潟県柏崎市

成体：福島県郡山市

成体：青森県上北郡

## ◆ トウキョウサンショウウオ サンショウウオ科サンショウウオ属

卵・幼生➡72頁
生態・野外➡147頁

*Hynobius tokyoensis* Tago, 1931

●全長：8～13㎝

●分布：群馬県を除く関東地方と福島県の一部

幼体：千葉県勝浦市

成体：千葉県勝浦市

## ◆ ヤマトサンショウウオ サンショウウオ科サンショウウオ属

卵・幼生➡73頁　生態・野外➡148頁

*Hynobius vandenburghi* Dunn, 1923

●全長：7～13㎝

●分布：近畿地方東部から中部地方南部

幼体：滋賀県甲賀市

成体：滋賀県甲賀市

## ◆ セトウチサンショウウオ サンショウウオ科サンショウウオ属

卵・幼生➡74頁
生態・野外➡149頁

*Hynobius setouchi* Matsui,Okawa,Tanabe et Misawa, 2019

●全長：9～11㎝

●分布：近畿西部、中国東部、四国東部

成体：岡山県赤磐市

## ◆ ツシマサンショウウオ サンショウウオ科サンショウウオ属

*Hynobius tsuensis* Abe, 1922

●全長：11～14㎝

●分布：長崎県の対馬

卵・幼生➡74頁　生態・野外➡150頁

幼体：長崎県 対馬

成体（オス）：長崎県 対馬

成体（メス）：長崎県 対馬

## ◆ カスミサンショウウオ サンショウウオ科サンショウウオ属

卵・幼生➡74頁　生態・野外➡151頁

*Hynobius nebulosus* (Temminck et Schlegel, 1838)

●全長：7～13㎝
●分布：福岡県、佐賀県、長崎県、熊本県、鹿児島県

成体（オス）：長崎県長崎市

成体（メス）：長崎県長崎市

## ◆ ヤマグチサンショウウオ サンショウウオ科サンショウウオ属

*Hynobius bakan* Matsui,Okawa et Nishikawa, 2019

卵・幼生➡75頁　生態・野外➡152頁

●全長：8～11㎝
●分布：山口県西部と大分県の一部

成体：山口県美祢市

## ◆ オオイタサンショウウオ サンショウウオ科サンショウウオ属

卵・幼生➡75頁
生態・野外➡153頁

*Hynobius dunni* Tago, 1931

●全長：11～17㎝
●分布：大分県、熊本県、宮崎県

成体：大分県大分市

## ◆ アブサンショウウオ サンショウウオ科サンショウウオ属

卵・幼生➡75頁
生態・野外➡154頁

*Hynobius abuensis* Matsui,Okawa,Nishikawa et Tominaga, 2019

●全長：9～12㎝
●分布：本州西部の中国地方の狭い地域

成体：山口県山口市

## ◆ トサシミズサンショウウオ サンショウウオ科サンショウウオ属

卵・幼生➡76頁
生態・野外➡155頁

*Hynobius tosashimizuensis* Sugawara, Watabe, Yoshikawa et Nagano, 2018

●全長：11～14㎝
●分布：高知県土佐清水市

成体（オス）：高知県土佐清水市

成体（メス）：高知県土佐清水市



## ◆ イワミサンショウウオ サンショウウオ科サンショウウオ属

卵・幼生➡76頁　生態・野外➡156頁

*Hynobius iwami* Matsui,Okawa,Nishikawa et Tominaga, 2019

●全長：8～10㎝
●分布：本州南西部の日本海沿い

成体：島根県浜田市

## ◆ アキサンショウウオ サンショウウオ科サンショウウオ属

卵・幼生➡76頁　生態・野外➡157頁

*Hynobius akiensis* Matsui,Okawa et Nishikawa, 2019

●全長：7～11㎝
●分布：中国地方中南部と四国北西部

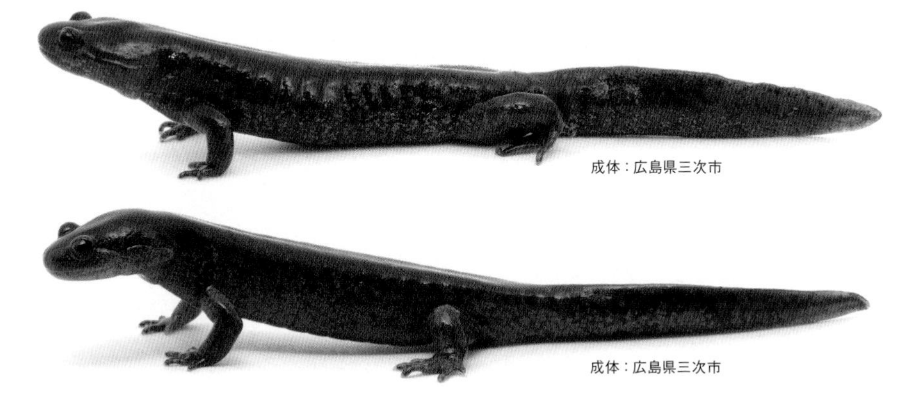

成体：広島県三次市

成体：広島県三次市

## ◆ ヒバサンショウウオ サンショウウオ科サンショウウオ属

卵・幼生➡77頁　生態・野外➡158頁

*Hynobius utsunomiyaorum* Matsui et Okawa, 2019

●全長：7～10㎝

●分布：中国地方の山岳地帯

成体：広島県庄原市

成体：島根県仁多郡

成体：島根県仁多郡

## ◆ ハクバサンショウウオ サンショウウオ科サンショウウオ属

*Hynobius hidamontanus* Matsui, 1987

●全長：8～11㎝

●分布：新潟県、長野県、富山県、岐阜県

卵・幼生➡77頁　生態・野外➡159頁

幼体：富山県中新川郡

成体：富山県中新川郡

成体：長野県北安曇郡

## ◆ アカハライモリ イモリ科イモリ属

卵・幼生➡78頁
生態・野外➡160頁

*Cynops pyrrhogaster* (Boie, 1826)

●全長：8 ～ 13㎝
●分布：本州、四国、九州とそれぞれの周辺の島

成体（オス）：宮城県加美郡
成体（メス）：宮城県加美郡
成体（オス）：東京都西多摩郡
成体（メス）：東京都西多摩郡
成体（オス）：兵庫県篠山市
成体（メス）：兵庫県篠山市
成体（オス）：福岡県北九州市
成体（メス）：福岡県北九州市

## 様々な模様のアカハライモリ

オレンジ色：和歌山県新宮市

赤いラインが入る：和歌山県新宮市

ペパーミント色：和歌山県新宮市

大きな斑紋が多い：長崎県五島市

背中に線が入る：和歌山県新宮市

お腹が黒い：新潟県佐渡島

黒斑と赤斑が混じる：長崎県五島市

黒斑が多い：和歌山県新宮市

## アカハライモリ渥美種族

アカハライモリの愛知県固有の地方種族のひとつで、オスが婚姻色を呈さないことや小型であること等独自性がある集団。渥美半島では絶滅したと考えられるが、近年知多半島の1地点で確認された。愛知県の指定希少野生動植物種に指定されている。

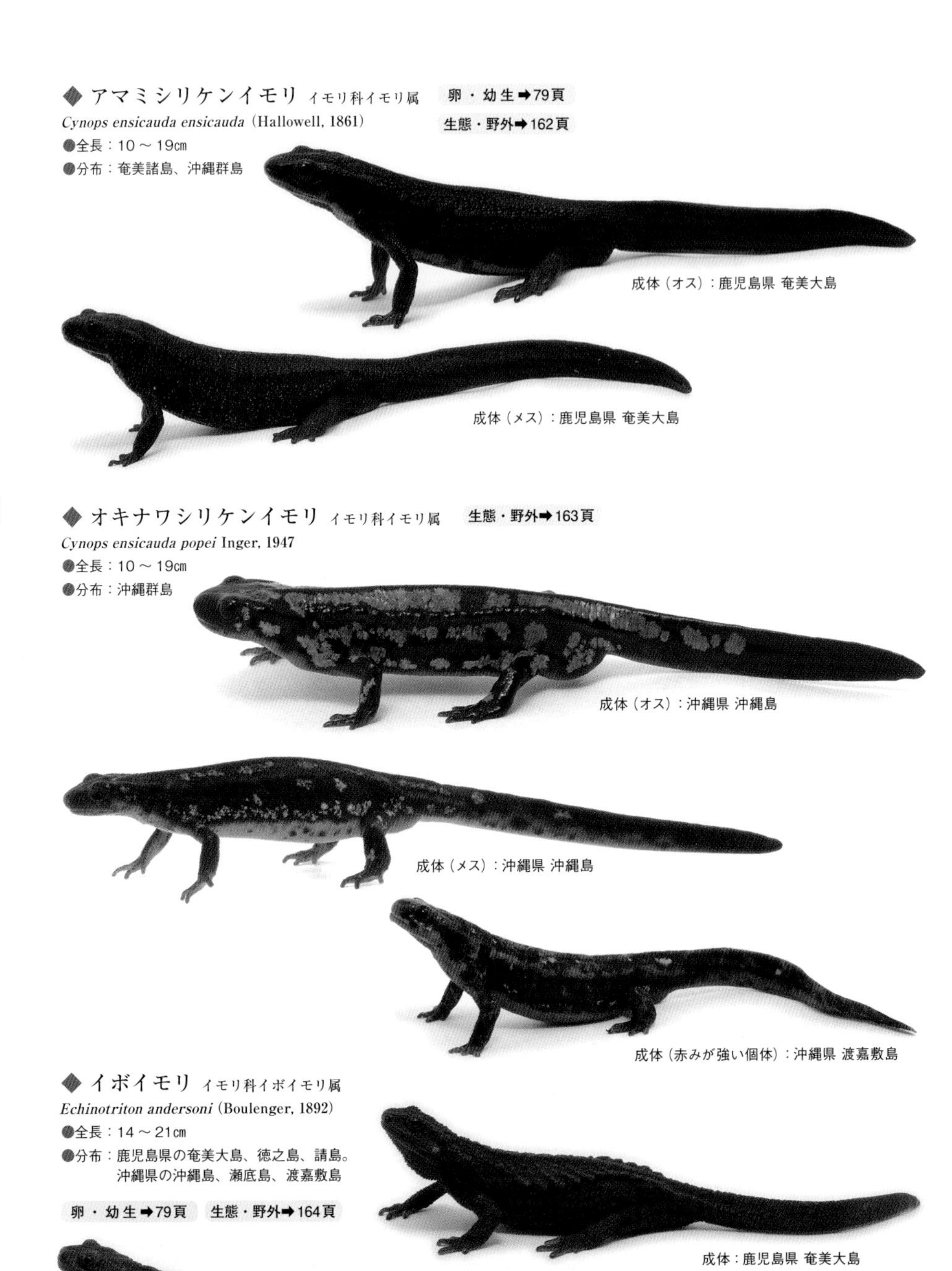

## ◆ アマミシリケンイモリ イモリ科イモリ属

卵・幼生➡79頁
生態・野外➡162頁

*Cynops ensicauda ensicauda* (Hallowell, 1861)

●全長：10～19㎝
●分布：奄美諸島、沖縄群島

成体（オス）：鹿児島県 奄美大島

成体（メス）：鹿児島県 奄美大島

## ◆ オキナワシリケンイモリ イモリ科イモリ属

生態・野外➡163頁

*Cynops ensicauda popei* Inger, 1947

●全長：10～19㎝
●分布：沖縄群島

成体（オス）：沖縄県 沖縄島

成体（メス）：沖縄県 沖縄島

成体（赤みが強い個体）：沖縄県 渡嘉敷島

## ◆ イボイモリ イモリ科イボイモリ属

*Echinotriton andersoni* (Boulenger, 1892)

●全長：14～21㎝
●分布：鹿児島県の奄美大島、徳之島、請島。
沖縄県の沖縄島、瀬底島、渡嘉敷島

卵・幼生➡79頁　生態・野外➡164頁

成体：鹿児島県 奄美大島

成体：沖縄県 沖縄島

## ◆ アフリカツメガエル ピパ科ツメガエル属

*Xenopus laevis* (Daudin, 1802)

●全長：8～10㎝

●分布：原産地はアフリカ中部～南部。千葉県、神奈川県、静岡県、和歌山県、兵庫県、岡山県、鹿児島県等で定着や目撃がある

卵・幼生➡80頁　生態・野外➡166頁

成体（オス）：飼育個体

成体（メス）：飼育個体

幼体（色彩変異）：飼育個体

幼体：飼育個体

## ◆ アズマヒキガエル

ヒキガエル科
ヒキガエル属

*Bufo japonicus formosus* Boulenger, 1883

●全長：4～16㎝
●分布：北海道南部、本州東北部

卵・幼生➡80頁　生態・野外➡168頁

オス：滋賀県高島市

メス：滋賀県高島市

正面：滋賀県高島市

## ◆ ニホンヒキガエル ヒキガエル科ヒキガエル属

*Bufo japonicus japonicus* Temminck et Schlegel, 1838

●全長：8～18㎝
●分布：本州西南部、四国、九州

卵・幼生➡81頁　生態・野外➡170頁

メス：愛媛県西条市

オス：鹿児島県 屋久島

正面：鹿児島県 屋久島

## ◆ ナガレヒキガエル ヒキガエル科ヒキガエル属

*Bufo torrenticola* Matsui, 1976

●全長：7～17cm

●分布：中部地方、近畿地方

卵・幼生➡81頁　生態・野外➡171頁

正面：滋賀県大津市

成体：滋賀県大津市

## ◆ ミヤコヒキガエル ヒキガエル科ヒキガエル属

*Bufo gargarizans miyakonis* Okada, 1931

●全長：6～12cm

●分布：沖縄県の宮古島、伊良部島。南・北大東島等に移入

卵・幼生➡81頁　生態・野外➡172頁

正面：沖縄県 宮古島

成体：沖縄県 宮古島

## ◆ オオヒキガエル ヒキガエル科ナンベイヒキガエル属

*Rhinella marina* (Linnaeus, 1758)

●全長：9～15cm

●分布：小笠原諸島、沖縄県の南・北大東島、先島諸島に移入。原産地は北アメリカ南部～南アメリカ北部

卵・幼生➡81頁　生態・野外➡173頁

成体：沖縄県 石垣島

正面：沖縄県 石垣島

## ◆ ニホンアマガエル アマガエル科アマガエル属

*Dryophytes japonicus* (Günther, 1859)

●全長：2～5㎝

●分布：屋久島以北の日本各地。朝鮮半島

卵・幼生➡82頁
生態・野外➡174頁

正面：滋賀県大津市

成体：滋賀県大津市

### 様々な色のニホンアマガエル

全て：滋賀県大津市

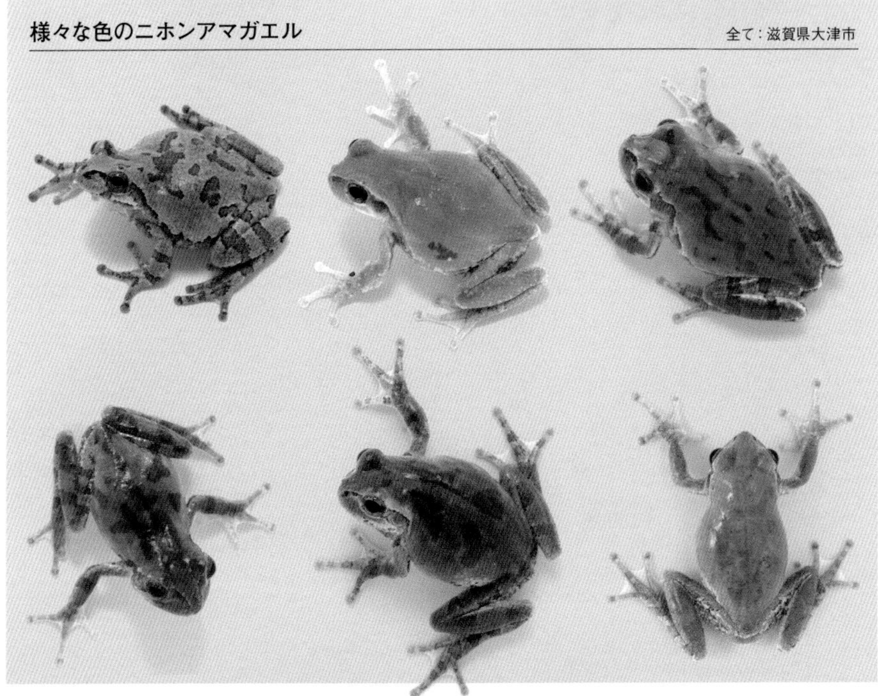

## ◆ ハロウエルアマガエル アマガエル科ヨーロッパアマガエル属

*Hyla hallowellii* Thompson, 1912

●全長：3～4㎝

●分布：奄美諸島、沖縄県沖縄島

卵・幼生➡86頁
生態・野外➡178頁

正面：鹿児島県 奄美大島

成体：鹿児島県 奄美大島

## ◆ ニホンアカガエル アカガエル科アカガエル属

*Rana japonica* Boulenger, 1879

●全長：3～7㎝
●分布：本州、四国、九州

卵・幼生➡86頁
生態・野外➡179頁

正面：滋賀県大津市

成体：滋賀県大津市

## ◆ ツシマアカガエル アカガエル科アカガエル属

*Rana tsushimensis* Stejneger, 1907

●全長：3～4㎝
●分布：長崎県対馬

卵・幼生➡87頁
生態・野外➡180頁

正面：長崎県 対馬

成体：長崎県 対馬

## ◆ アマミアカガエル アカガエル科アカガエル属

*Rana kobai* Matsui, 2011

●全長：3～5㎝
●分布：鹿児島県奄美大島、徳之島

卵・幼生➡87頁
生態・野外➡181頁

正面：鹿児島県 奄美大島

成体：鹿児島県 奄美大島

## ◆ リュウキュウアカガエル アカガエル科アカガエル属

*Rana ulma* Matsui, 2011

●全長：3～5㎝
●分布：沖縄県沖縄島、久米島

卵・幼生➡87頁
生態・野外➡182頁

正面：沖縄県 沖縄島

成体：沖縄県 沖縄島

## ◆ タゴガエル アカガエル科アカガエル属

*Rana tagoi tagoi* Okada, 1928

●全長：3～6㎝

●分布：本州、四国、九州

卵・幼生➡88頁

生態・野外➡183頁

成体：愛媛県西条市

正面：愛媛県西条市

## ◆ オキタゴガエル アカガエル科アカガエル属

*Rana tagoi okiensis* Daito, 1969

●全長：4～5㎝

●分布：島根県隠岐島

卵・幼生➡88頁

生態・野外➡184頁

成体：島根県 隠岐

正面：島根県 隠岐

## ◆ ヤクシマタゴガエル アカガエル科アカガエル属

*Rana tagoi yakushimensis* Nakatani et Okada, 1966

●全長：4～5㎝

●分布：鹿児島県屋久島

生態・野外➡185頁

成体：鹿児島県 屋久島

正面：鹿児島県 屋久島

## ◆ ナガレタゴガエル アカガエル科アカガエル属

*Rana sakuraii* Matsui et Matsui, 1990

●全長：4～6㎝

●分布：関東地方から山陰地方

卵・幼生➡89頁

生態・野外➡186頁

成体：東京都西多摩郡

正面：東京都西多摩郡

## ◆ ネバタゴガエル アカガエル科アカガエル属

*Rana neba* Ryuzaki, Hasegawa et Kuramoto, 2014

●全長：4～5㎝

●分布：長野県南部と静岡県、愛知県、三重県の一部

卵・幼生➡89頁

生態・野外➡187頁

正面：長野県下伊那郡

成体：長野県下伊那郡

## ◆ エゾアカガエル アカガエル科アカガエル属

*Rana pirica* Matsui, 1991

●全長：5～7㎝

●分布：北海道。サハリン

卵・幼生➡90頁

生態・野外➡188頁

正面：北海道釧路市

成体：北海道釧路市

## ◆ ヤマアカガエル アカガエル科アカガエル属

*Rana ornativentris* Werner, 1903

●全長：4～8㎝

●分布：本州、四国、九州、佐渡島

卵・幼生➡91頁

生態・野外➡189頁

正面：滋賀県高島市

成体：滋賀県高島市

## ◆ チョウセンヤマアカガエル アカガエル科アカガエル属

*Rana uenoi* Matsui, 2014

●全長：5～8㎝

●分布：長崎県対馬。朝鮮半島

卵・幼生➡91頁

生態・野外➡190頁

正面：長崎県 対馬

成体：長崎県 対馬

## ◆ トノサマガエル アカガエル科トノサマガエル属

卵・幼生➡92頁
生態・野外➡192頁

*Pelophylax nigromaculatus* (Hallowell, 1861)

●全長：4～9cm

●分布：本州（関東地方から仙台平野を除く）、四国、九州。朝鮮半島、中国

オス：滋賀県大津市

正面：滋賀県大津市

メス：滋賀県大津市

## ◆ トウキョウダルマガエル アカガエル科トノサマガエル属

*Pelophylax porosus porosus* (Cope, 1868)

●全長：4～9cm

●分布：関東平野から仙台平野にかけてと新潟県と長野県の一部

卵・幼生➡94頁
生態・野外➡191頁

正面：埼玉県比企郡

成体：埼玉県比企郡

## ◆ ナゴヤダルマガエル アカガエル科トノサマガエル属

*Pelophylax porosus brevipodus* (Ito, 1941)

●全長：4～7cm

●分布：本州の中部地方南部、東海地方、北陸地方西部、近畿地方中部・北部、山陽地方東部、四国地方の一部

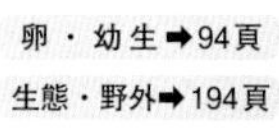

卵・幼生➡94頁
生態・野外➡194頁

正面：滋賀県大津市

成体：滋賀県大津市

## ◆ ツチガエル アカガエル科ツチガエル属

*Glandirana rugosa* (Temminck et Schlegel, 1838)

●全長：4～5cm
●分布：本州、四国、九州

卵・幼生➡95頁
生態・野外➡195頁

正面：滋賀県大津市

成体：滋賀県大津市

## ◆ サドガエル アカガエル科ツチガエル属

*Glandirana susurra* (Sekiya, Miura et Ogata, 2012)

●全長：3～5cm
●分布：新潟県佐渡島

卵・幼生➡95頁
生態・野外➡196頁

正面：新潟県 佐渡島

成体：新潟県 佐渡島

## ◆ ウシガエル アカガエル科アメリカアカガエル属

*Lithobates catesbeianus* (Shaw, 1802)

●全長：11～18cm
●分布：日本各地に移入。原産地は北アメリカ東部。世界各地に移入

卵・幼生➡96頁
生態・野外➡197頁

成体：滋賀県大津市

正面：滋賀県大津市

## ◆アマミイシカワガエル アカガエル科ニオイガエル属

*Odorrana splendida* Kuramoto, Satou, Oumi, Kurabayashi et Sumida, 2011

●全長：7～14㎝

●分布：鹿児島県奄美大島

卵・幼生➡96頁　生態・野外➡198頁

正面：鹿児島県 奄美大島

成体：鹿児島県 奄美大島



## ◆オキナワイシカワガエル アカガエル科ニオイガエル属

*Odorrana ishikawae* (Stejneger, 1901)

●全長：9～12㎝

●分布：沖縄県沖縄島

卵・幼生➡96頁　生態・野外➡199頁

正面：沖縄県 沖縄島

成体：沖縄県 沖縄島

## ◆ アマミハナサキガエル アカガエル科ニオイガエル属

*Odorrana amamiensis* (Matsui, 1994)

●全長：6～10㎝

●分布：鹿児島県奄美大島、徳之島

卵・幼生➡97頁

生態・野外➡200頁

正面：鹿児島県 奄美大島

成体：鹿児島県 奄美大島

## ◆ ハナサキガエル アカガエル科ニオイガエル属

*Odorrana narina* (Stejneger, 1901)

●全長：4～7㎝

●分布：沖縄県沖縄島

卵・幼生➡97頁

生態・野外➡201頁

正面：沖縄県 沖縄島

成体：沖縄県 沖縄島

## ◆ オオハナサキガエル アカガエル科ニオイガエル属

*Odorrana supranarina* (Matsui, 1994)

●全長：6～12㎝

●分布：沖縄県石垣島、西表島

卵・幼生➡97頁

生態・野外➡202頁

正面：沖縄県 石垣島

成体：沖縄県 石垣島

## ◆ コガタハナサキガエル アカガエル科ニオイガエル属

*Odorrana utsunomiyaorum* (Matsui, 1994)

●全長：4～6㎝

●分布：沖縄県石垣島、西表島

生態・野外➡203頁

正面：沖縄県 石垣島

成体：沖縄県 石垣島

## ◆ヤエヤマハラブチガエル アカガエル科ハラブチガエル属

*Nidiana okinavana* (Boettger, 1895)

●全長：4～5㎝

●分布：沖縄県石垣島、西表島。台湾

卵・幼生➡98頁

生態・野外➡204頁

成体：沖縄県 石垣島

正面：沖縄県 石垣島

## ◆オットンガエル アカガエル科バビナ属

*Babina subaspera* (Barbour, 1908)

●全長：9～14㎝

●分布：鹿児島県奄美大島、加計呂麻島

卵・幼生➡98頁

生態・野外➡205頁

成体：鹿児島県 奄美大島

正面：鹿児島県 奄美大島

## ◆ホルストガエル アカガエル科バビナ属

*Babina holsti* (Boulenger, 1892)

●全長：10～12㎝

●分布：沖縄県沖縄島、渡嘉敷島

卵・幼生➡98頁

生態・野外➡206頁

成体：沖縄県 沖縄島

正面：沖縄県 沖縄島

## ◆ ヌマガエル ヌマガエル科ヌマガエル属

*Fejervarya kawamurai* Djong, Matsui, Kuramoto, Nishioka et Sumida, 2011

●全長：3～5㎝

●分布：本州関東以西、四国、九州、奄美諸島、沖縄群島。台湾西部、中国中部

卵・幼生➡99頁
生態・野外➡207頁

正面：滋賀県大津市

成体：滋賀県大津市

## ◆ サキシマヌマガエル ヌマガエル科ヌマガエル属

*Fejervarya sakishimensis* Matsui, Toda et Ota, 2007

●全長：4～7㎝

●分布：宮古諸島、八重山諸島

卵・幼生➡99頁
生態・野外➡208頁

正面：沖縄県 西表島

成体：沖縄県 西表島

## ◆ ナミエガエル ヌマガエル科クールガエル属

*Limnonectes namiyei* (Stejneger, 1901)

●全長：7～12㎝

●分布：沖縄県沖縄島

卵・幼生➡99頁　生態・野外➡209頁

成体：沖縄県 沖縄島

正面：沖縄県 沖縄島

無尾目 ヌマガエル科

## ◆ モリアオガエル アオガエル科アオガエル属

*Zhangixalus arboreus* (Okada et Kawano, 1924)

●全長：4 〜 8㎝
●分布：本州

卵・幼生➡100頁
生態・野外➡210頁

成体：滋賀県大津市

正面：滋賀県大津市

成体：千葉県夷隅郡

正面：千葉県夷隅郡

## ◆ シュレーゲルアオガエル アオガエル科アオガエル属

*Zhangixalus schlegelii* (Günther, 1858)

●全長：3 〜 5㎝
●分布：本州、四国、九州

卵・幼生➡102頁 生態・野外➡211頁

成体：滋賀県大津市

黄色い斑がある個体：滋賀県大津市

正面：滋賀県大津市

## ◆ アマミアオガエル アオガエル科アオガエル属

卵・幼生➡102頁
生態・野外➡212頁

*Zhangixalus amamiensis* (Inger, 1947)

●全長：5 ~ 8㎝
●分布：鹿児島県奄美大島、徳之島

成体：鹿児島県 奄美大島

正面：鹿児島県 奄美大島

## ◆ オキナワアオガエル アオガエル科アオガエル属

卵・幼生➡103頁
生態・野外➡213頁

*Zhangixalus viridis* (Hallowell, 1861)

●全長：4 ~ 7㎝
●分布：沖縄県沖縄島、伊平屋島、久米島

正面：沖縄県 沖縄島

成体：沖縄県 沖縄島

## ◆ ヤエヤマアオガエル アオガエル科アオガエル属

卵・幼生➡103頁
生態・野外➡214頁

*Zhangixalus owstoni* (Stejneger, 1907)

●全長：4 ~ 7㎝
●分布：沖縄県石垣島、西表島

正面：沖縄県 石垣島

成体：沖縄県 石垣島

## ◆ シロアゴガエル アオガエル科シロアゴガエル属

卵・幼生➡104頁
生態・野外➡215頁

*Polypedates leucomystax* (Gravenhorst, 1829)

●全長：5～7㎝
●分布：沖縄県沖縄島や宮古島等に移入。原産地はフィリピン

正面：沖縄県 宮古島
成体：沖縄県 宮古島

## ◆ アイフィンガーガエル アオガエル科アイフィンガーガエル属

卵・幼生➡104頁
生態・野外➡216頁

*Kurixalus eiffingeri* (Boettger, 1895)

●全長：3～4㎝
●分布：沖縄県石垣島と西表島。台湾

正面：沖縄県 石垣島
成体：沖縄県 石垣島

## ◆ カジカガエル アオガエル科カジカガエル属

卵・幼生➡105頁
生態・野外➡217頁

*Buergeria buergeri* (Temminck et Schlegel, 1838)

●全長：4～7㎝
●分布：本州、四国、九州

正面：滋賀県大津市
成体：滋賀県大津市

## ◆ リュウキュウカジカガエル アオガエル科カジカガエル属

*Buergeria japonica* (Hallowell, 1861)

●全長：3～4㎝

●分布：トカラ列島口之島以南の琉球列島北部と中央部

卵・幼生➡105頁

生態・野外➡218頁

正面：鹿児島県 徳之島

成体：鹿児島県 徳之島

## ◆ ヤエヤマカジカガエル アオガエル科カジカガエル属

*Buergeria choui* Matsui and Tominaga, 2020

●全長：3～4㎝

●分布：琉球列島南部の西表島、石垣島。国外では台湾北部

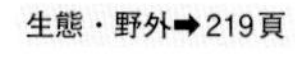

生態・野外➡219頁

正面：沖縄県 石垣島

成体：沖縄県 石垣島

## ◆ ヒメアマガエル ヒメアマガエル科ヒメアマガエル属

*Microhyla okinavensis* Stejneger, 1901

●全長：2～3㎝

●分布：奄美大島、喜界島以南の南西諸島（八重山諸島は除く）

卵・幼生➡106頁

生態・野外➡220頁

正面：鹿児島県 奄美大島

成体：鹿児島県 奄美大島

## ◆ ヤエヤマヒメアマガエル ヒメアマガエル科ヒメアマガエル属

*Microhyla kuramotoi* Matsui and Tominaga, 2020

●全長：2～3㎝

●分布：八重山諸島の石垣島、竹富島、小浜島、西表島、波照間島。黒島に人為移入

生態・野外➡221頁

成体：沖縄県 石垣島

正面：沖縄県 石垣島

COLUMN

# 両生類を観察する

両生類の撮影は彼らを発見することから始まる。写真を撮るには、対象をみつけ出し、気付かれないように近寄らなくては話にならない。多くの場合、みつけやすいのは繁殖期で、それ以外の時期の難易度は跳ね上がる。両生類は、隠れるのが得意であり、また逃げ足も早くつかまえにくい。だから、野外観察の経験が少ない方は、初めのうちはみつけやすい時期の観察から始めるといいだろう。

最もみつけやすいのは、水が張られた田んぼである。田んぼはカエルのパラダイスで、畦の周りを歩いて何かが跳ねたら、バッタでなければカエルと言っていい。田んぼには1種類だけでなく複数のカエルが暮らしているので、観察にも最適である。農家の方に断ってから観察するのがマナーであることを忘れないようにすれば、比較的安全な場所であるという点もビギナーの観察に向いている。

反対に観察が難しいのがサンショウウオである。繁殖期でないとみつけにくいのはカエル同様だが、サンショウウオの方がより難しい。経験がない場合は、専門家が開催する観察講習会に参加して、コツを習得するといいだろう。発見できる可能性があるものとしては、長期間水中で暮らす渓流性サンショウウオの幼生が挙げられる。サワガニが生息するような谷川の浅瀬の石をめくると、チョロチョロと出てくる姿に出会えるかもしれない。また、湧水のあるような環境であれば、意外に身近な場所でもみつかる場合もある。最近、注目を浴びるオオサンショウウオだが、特別天然記念物に指定されており、個人での野外観察はおすすめできない。しかし各地で開かれる観察会に参加すれば、彼らの息づかいがより近くに感じられるだろう。

日本の両生類の中には生息環境が限定されているものが多い。また、法令により規制されている種もあるため、事前によく確認してから観察を行うようにしよう。両生類の飼育は難しく、むやみな飼育や採集は慎むべきだが、かと言って子供達がカエル採集から離れることは悲しい。ルールを守りながらどんどん触れ合って欲しい。そして、飼育をする場合は最後まで責任を持って飼育をしよう。

日本は南北に細長いため、1年を通して両生類が観察できる。ぜひ皆さんも様々な両生類の表情を探しにいってみてほしい。

# 第2章
# 卵・幼生

■日本に生息する両生類の卵、幼生、幼体等を掲載
■卵や幼生の姿をまとめて比較

## 第２章の使い方

## ◆オオサンショウウオ

生体・識別➡14頁　生態・野外➡108頁

幼生（1年未満）：京都府京都市 7月

幼生（1年未満）泳ぐ：京都府京都市 5月

①幼生（1年未満）正面　②幼生（1年未満）横顔：京都府京都市 7月　③卵：飼育個体 10月

有尾目 オオサンショウウオ科

⑤日中活動していた幼生　⑥幼生（３年目）横顔　⑦カワムツを食べる幼生（１年未満）：滋賀県甲賀市７月

# ◆オオサンショウウオと チュウゴクオオサンショウウオとの交雑個体

生体・識別➡14頁　生態・野外➡108頁

①幼生（３年目）：②幼生（１年未満）横顔　③幼生（３年目）横顔　④幼生（３年目）正面：京都府京都市 ７月

# ◆キタオウシュウサンショウウオ

生体・識別➡18頁　生態・野外➡115頁

①幼生正面　②幼生（2年目）　③幼生（3年目）　④幼体：宮城県仙台市 6月

## ◆ハコネサンショウウオ

生体・識別➡18頁　生態・野外➡116頁

①幼生（1年目）　②幼生（3年目）：滋賀県高島市 7月　③幼体：福島県南会津郡 9月

## ◆ シコクハコネサンショウウオ

生体・識別➡19頁　生態・野外➡118頁

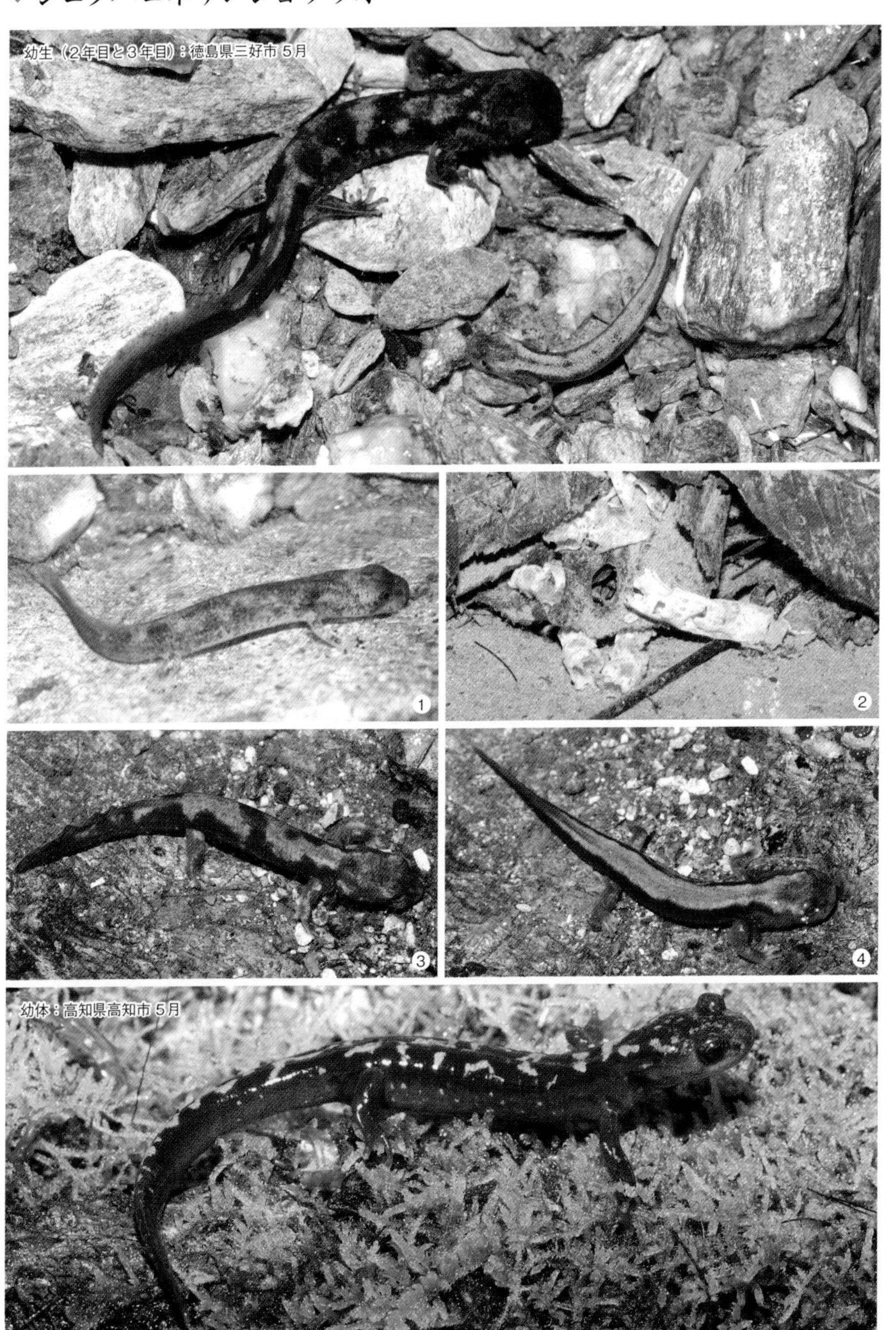


①孵化したばかりの幼生　②卵殻：徳島県三好市 5月　③・④幼生背中模様の変異：高知県高知市 10月

## ◆ツクバハコネサンショウウオ

生体・識別➡19頁　生態・野外➡119頁

幼体：茨城県つくば市 10月

①幼生　②幼生正面：茨城県つくば市 10月

## ◆タダミハコネサンショウウオ

生体・識別➡19頁　生態・野外➡120頁

①幼生　②幼生正面　③幼生背面：福島県南会津郡 10月

## ◆バンダイハコネサンショウウオ

生体・識別➡19頁　生態・野外➡121頁

①幼生　②幼生横顔　③幼生正面：福島県郡山市 10月



## ◆キタサンショウウオ

生体・識別➡20頁　生態・野外➡122頁

幼生：北海道釧路市 6月

①幼生正面：北海道釧路市 6月　②卵のう：北海道釧路市 5月

## ◆エゾサンショウウオ

生体・識別➡20頁　生態・野外➡123頁

幼生：北海道釧路市 7月

①卵のう：北海道釧路市 5月　②幼生正面：北海道釧路市 7月　③幼体：北海道釧路市 8月



## ◆オオダイガハラサンショウウオ

生体・識別➡20頁　生態・野外➡124頁

幼生：和歌山県西牟婁郡 6月

①幼生正面　②卵のう：和歌山県西牟婁郡 6月

## ◆ヒダサンショウウオ

生体・識別➡20頁　生態・野外➡125頁

①幼生　②幼生正面　③サワガニに捕食される幼生：滋賀県長浜市 5月　④卵のう：滋賀県長浜市 3月

## ◆ヒガシヒダサンショウウオ

生体・識別➡21頁　生態・野外➡126頁

卵のう：東京都西多摩郡 3月

幼体：山梨県都留郡 6月

## ◆ブチサンショウウオ

生体・識別➡21頁　生態・野外➡127頁

幼生：佐賀県神埼市 5月

## ◆チュウゴクブチサンショウウオ

生体・識別➡16頁　生態・野外➡113頁

幼生：島根県仁多郡 4月

①幼生正面　②卵のう：島根県仁多郡 4月

## ◆チクシブチサンショウウオ

生体・識別➡21頁　生態・野外➡129頁

卵のう：福岡県北九州市 4月

幼生：福岡県北九州市 9月

## ◆アカイシサンショウウオ

生体・識別➡22頁　生態・野外➡130頁

幼体：長野県飯田市 9月

## ◆イシヅチサンショウウオ

生体・識別➡20頁　生態・野外➡131頁

幼生：愛媛県西条市 5月

①幼生正面　②卵のう：愛媛県西条市 5月

## ◆コガタブチサンショウウオ

生体・識別➡22頁　生態・野外➡132頁

幼体：福岡県北九州市 4月

## ◆ イヨシマサンショウウオ

生体・識別➡23頁　生態・野外➡133頁

卵のう：高知県高知市 5月

## ◆ マホロバサンショウウオ

生体・識別➡23頁　生態・野外➡134頁

幼体：岐阜県大垣市 10月

## ◆ ツルギサンショウウオ

生体・識別➡23頁　生態・野外➡135頁

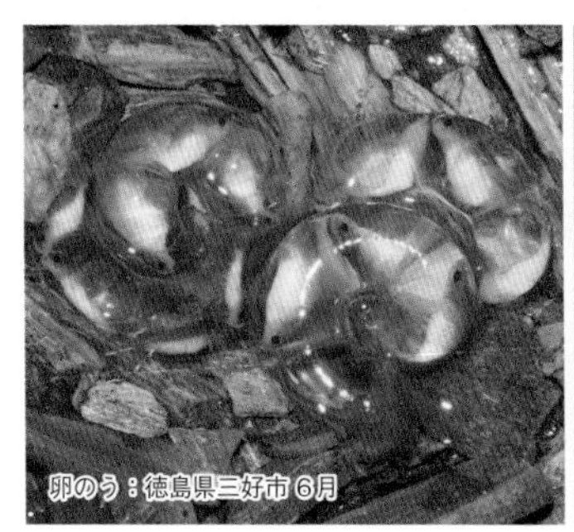
卵のう：徳島県三好市 6月

幼生：徳島県三好市 6月

## ◆ソボサンショウウオ

生体・識別➡24頁　生態・野外➡136頁

①幼生　②幼生正面　③生息地：大分県豊後大野市 4月

## ◆オオスミサンショウウオ

生体・識別➡24頁　生態・野外➡137頁

①幼生　②幼生正面：鹿児島県肝属郡 4月

## ◆ベッコウサンショウウオ

生体・識別➡24頁　生態・野外➡138頁

幼生：熊本県上益城郡 5月

①幼生正面　②幼生横顔：熊本県上益城郡 6月　③幼体：熊本県上益城郡 7月

## ◆ アベサンショウウオ

生体・識別➡25頁　生態・野外➡140頁

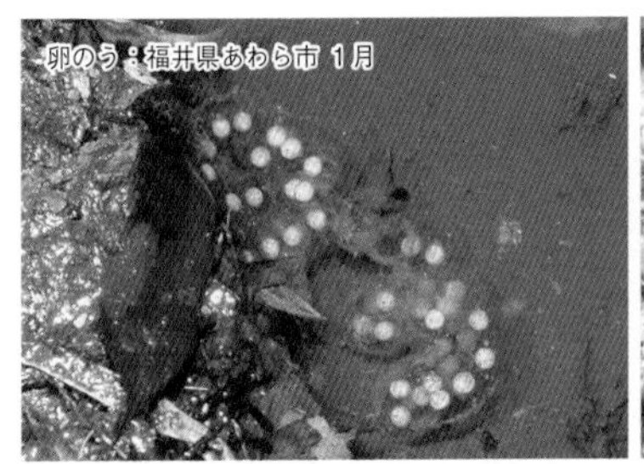
卵のう：福井県あわら市 1月

幼生：福井県あわら市 1月

## ◆ オキサンショウウオ

生体・識別➡25頁　生態・野外➡141頁

①幼生　②幼生正面：島根県 隠岐島 5月　③幼体：島根県 隠岐島 6月　④卵のう：島根県 隠岐島 3月

## ◆ クロサンショウウオ

生体・識別➡26頁　生態・野外➡142頁

卵のう：富山県小矢部市 3月

幼生：富山県小矢部市 3月

## ◆ サンインサンショウウオ

生体・識別➡26頁　生態・野外➡143頁

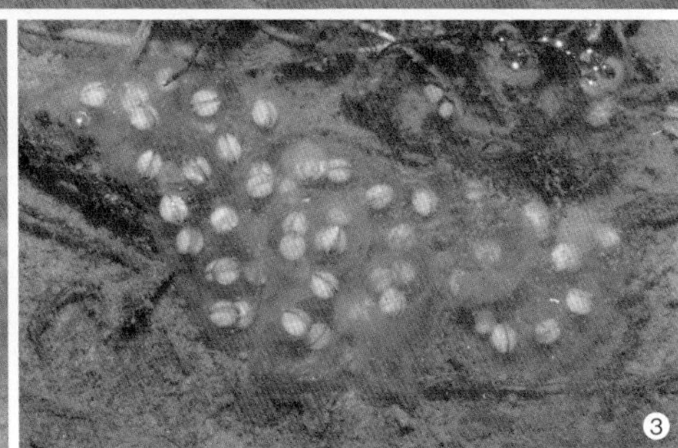

①幼生　②幼体正面：島根県松江市４月　③卵のう：島根県松江市２月

## ◆ ホクリクサンショウウオ

生体・識別➡26頁　生態・野外➡144頁

卵のう：富山県射水市 3月

幼生：富山県射水市 3月

## ◆ ミカワサンショウウオ

生体・識別➡27頁　生態・野外➡145頁

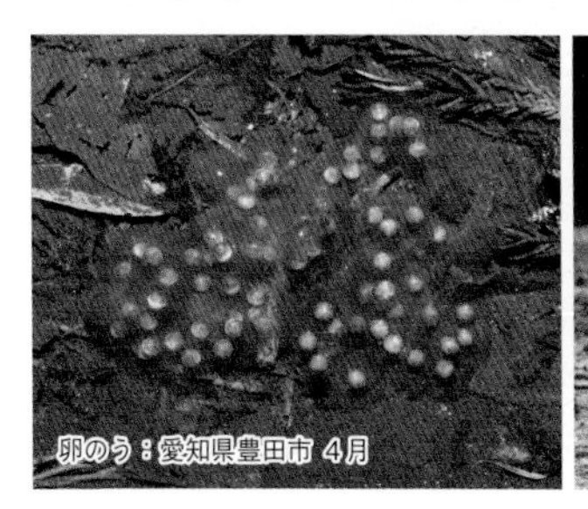

卵のう：愛知県豊田市 4月

幼生：愛知県豊田市 5月

## ◆ トウホクサンショウウオ

生体・識別➡27頁　生態・野外➡146頁

幼生：新潟県柏崎市 6月

①幼生正面　②卵のう：新潟県柏崎市 6月

## ◆ トウキョウサンショウウオ

生体・識別➡28頁　生態・野外➡147頁

幼生：千葉県勝浦市 4月

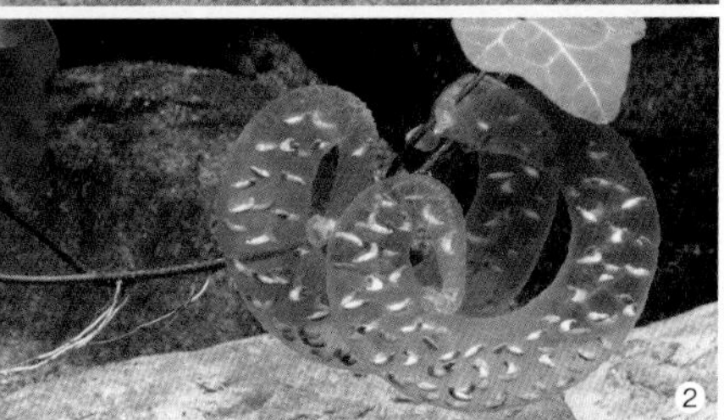
①幼生正面　②卵のう：千葉県勝浦市 4月

# ◆ヤマトサンショウウオ

生体・識別➡28頁　生態・野外➡148頁

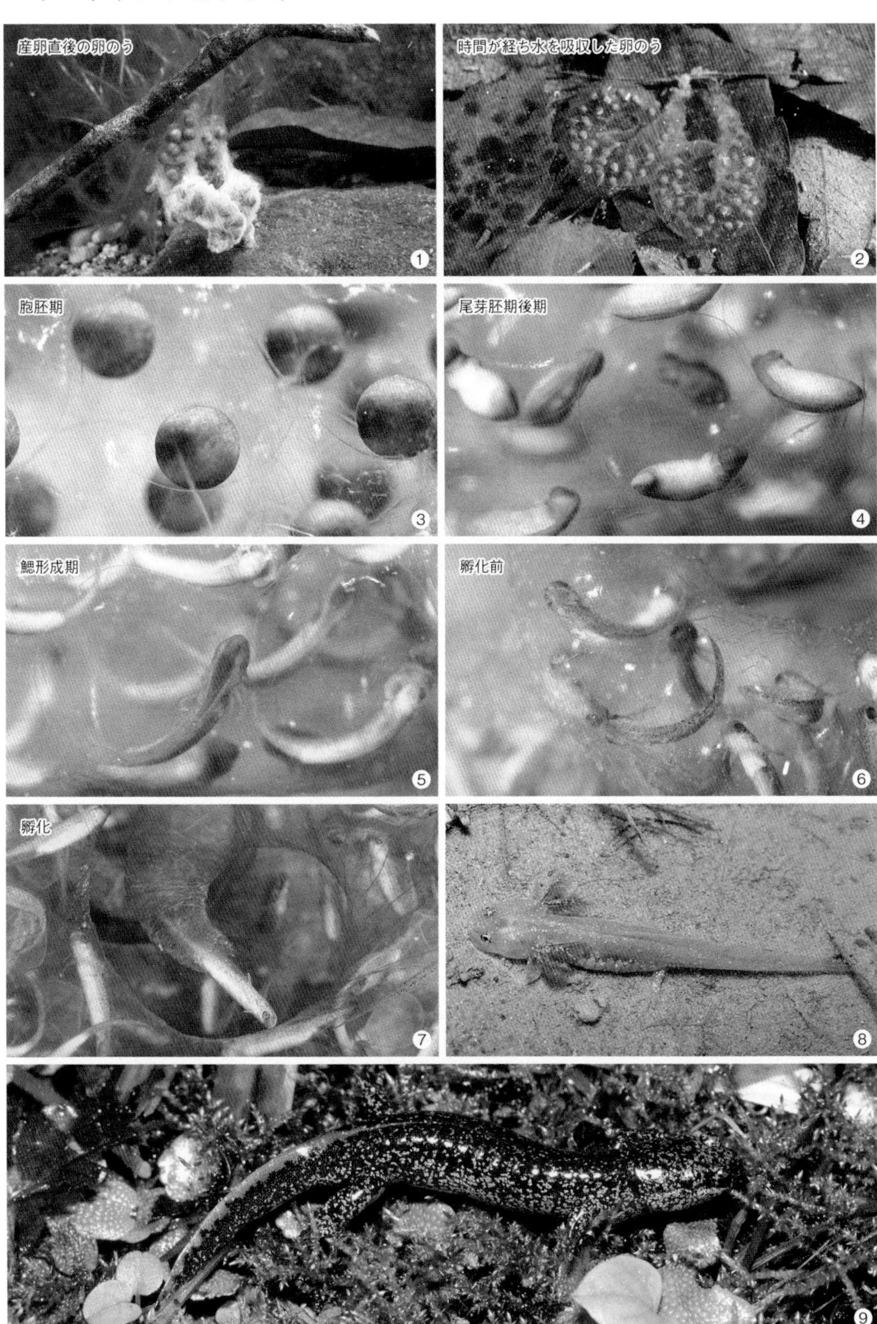


写真①〜⑦：滋賀県甲賀市 3月　⑧幼生：滋賀県甲賀市 6月　⑨幼体：滋賀県甲賀市 10月

## ◆セトウチサンショウウオ

生体・識別➡28頁　生態・野外➡149頁

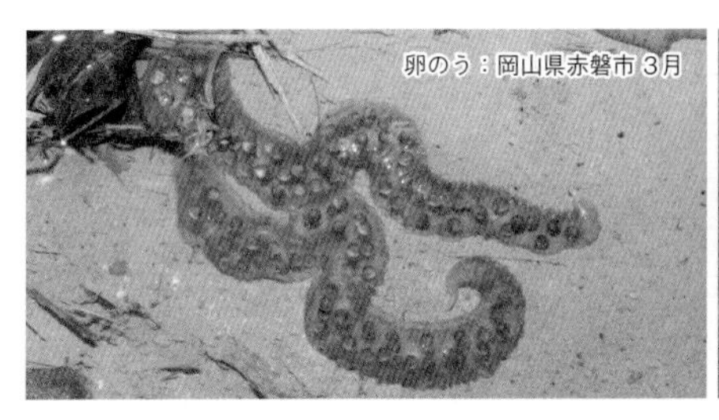

卵のう：岡山県赤磐市 3月

幼生：岡山県赤磐市 5月

## ◆ツシマサンショウウオ

生体・識別➡28頁　生態・野外➡150頁

①幼生　②幼生正面　③卵のう：長崎県 対馬 3月

## ◆カスミサンショウウオ

幼生：長崎県西海市 5月

## ◆ ヤマグチサンショウウオ

生体・識別➡29頁　生態・野外➡152頁

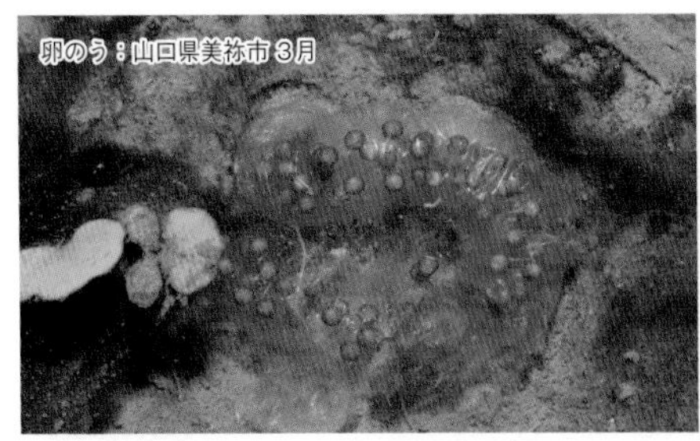

卵のう：山口県美祢市 3月

幼体：山口県美祢市 9月

## ◆ オオイタサンショウウオ

生体・識別➡29頁　生態・野外➡153頁

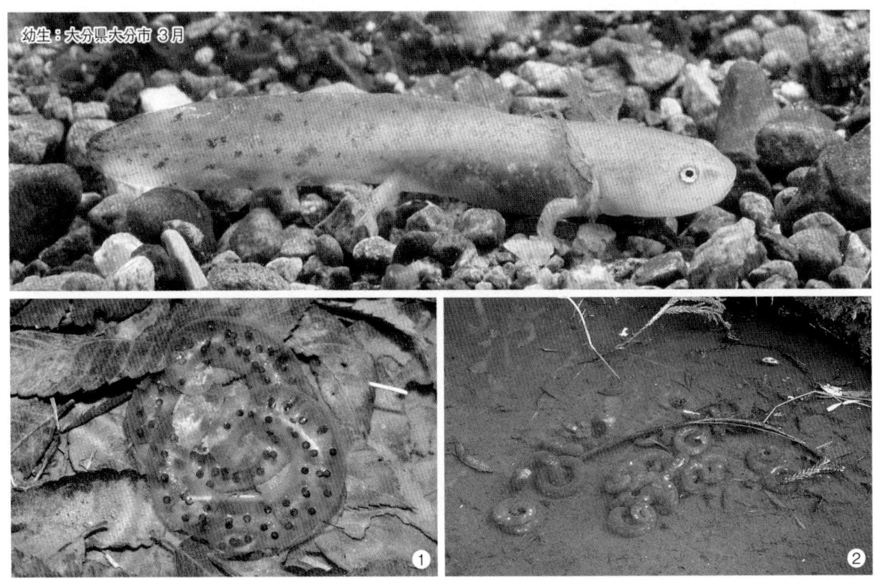

幼生：大分県大分市 3月

①卵のう　②緑藻が付着した卵のう：大分県大分市 3月

## ◆ アブサンショウウオ

生体・識別➡29頁　生態・野外➡154頁

卵のう：山口県山口市 3月

幼生：山口県山口市 4月

有尾目 サンショウウオ科

## ◆ トサシミズサンショウウオ

生体・識別➡30頁　生態・野外➡155頁

卵のう：高知県土佐清水市 2月



## ◆ イワミサンショウウオ

生体・識別➡30頁　生態・野外➡156頁

卵のう：島根県浜田市 3月

幼生：島根県浜田市 4月

## ◆ アキサンショウウオ

生体・識別➡30頁　生態・野外➡157頁

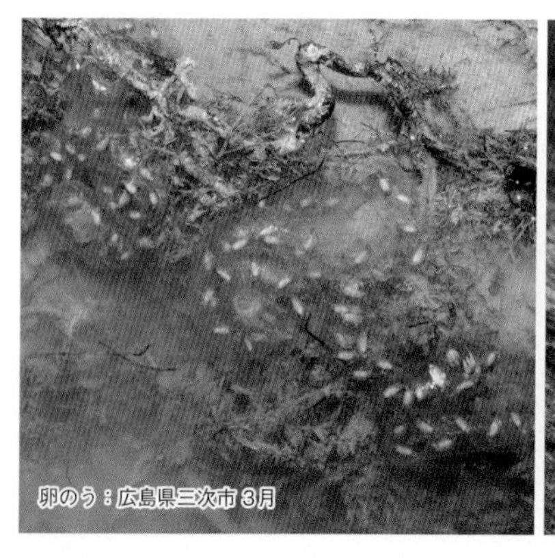
卵のう：広島県三次市 3月

幼生：広島県三次市 4月

## ◆ヒバサンショウウオ

生体・識別➡31頁　生態・野外➡158頁

①卵のう：広島県庄原市 6月　②幼生：広島県庄原市 8月　③幼体：広島県庄原市 8月

## ◆ハクバサンショウウオ

生体・識別➡31頁　生態・野外➡159頁

卵のう：長野県北安曇郡 5月　幼生：富山県中新川郡 5月

## ◆アカハライモリ

生体・識別➡32頁　生態・野外➡160頁

①幼生正面：滋賀県高島市 6月②幼体：滋賀県高島市 8月

## ◆アマミシリケンイモリ

生体・識別➡34頁　生態・野外➡162頁

幼生：鹿児島県 奄美大島 5月

①幼生正面　②卵：鹿児島県 奄美大島 5月

## ◆イボイモリ

生体・識別➡34頁　生態・野外➡164頁

幼体：鹿児島県 奄美大島 9月

①幼生：鹿児島県 奄美大島 8月　②卵：鹿児島県 奄美大島 6月

## ◆ アフリカツメガエル

生体・識別➡35頁　生態・野外➡166頁

①産卵するペア：飼育個体 10月　②③幼生：飼育個体 3月

## ◆ アズマヒキガエル

生体・識別➡36頁　生態・野外➡168頁

①卵塊：滋賀県高島市 3月　②幼生　③変態直後の幼体：滋賀県高島市 4月

## ◆ニホンヒキガエル

生体・識別➡36頁　生態・野外➡170頁

①卵塊　②幼生：愛媛県西条市 5月

## ◆ナガレヒキガエル

生体・識別➡37頁　生態・野外➡171頁

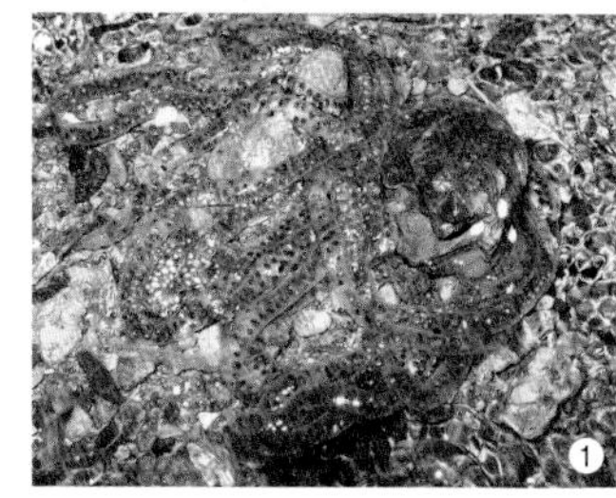

①卵塊：滋賀県高島市 5月　②幼生：滋賀県高島市 6月

## ◆ミヤコヒキガエル

生体・識別➡37頁　生態・野外➡172頁

①卵塊：沖縄県 宮古島 11月　②幼生：沖縄県 宮古島 11月

## ◆オオヒキガエル

生体・識別➡37頁　生態・野外➡173頁

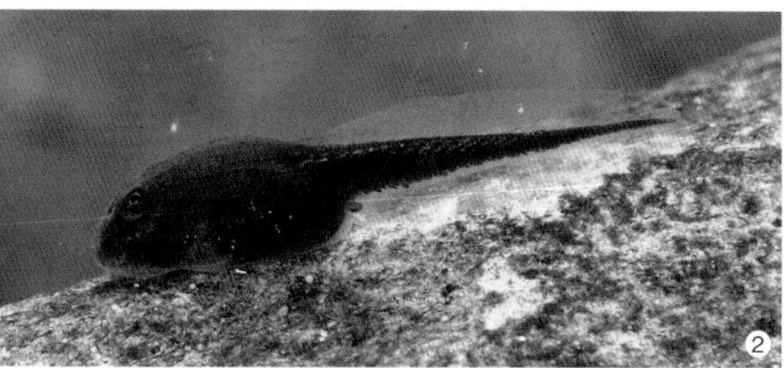

①幼体：沖縄県 石垣島 9月　②幼生：沖縄県 石垣島 7月

# ◆ニホンアマガエル

生体・識別➡38頁　生態・野外➡174頁

幼生：滋賀県高島市 5月

①幼生背面には黒斑がある　②後肢が出る　③前肢が出る：滋賀県大津市 5月

卵塊：滋賀県高島市 5月

幼体：滋賀県高島市 6月

④色彩変異（アルビノ） ⑤色彩変異（透明）：滋賀県大津市 5月

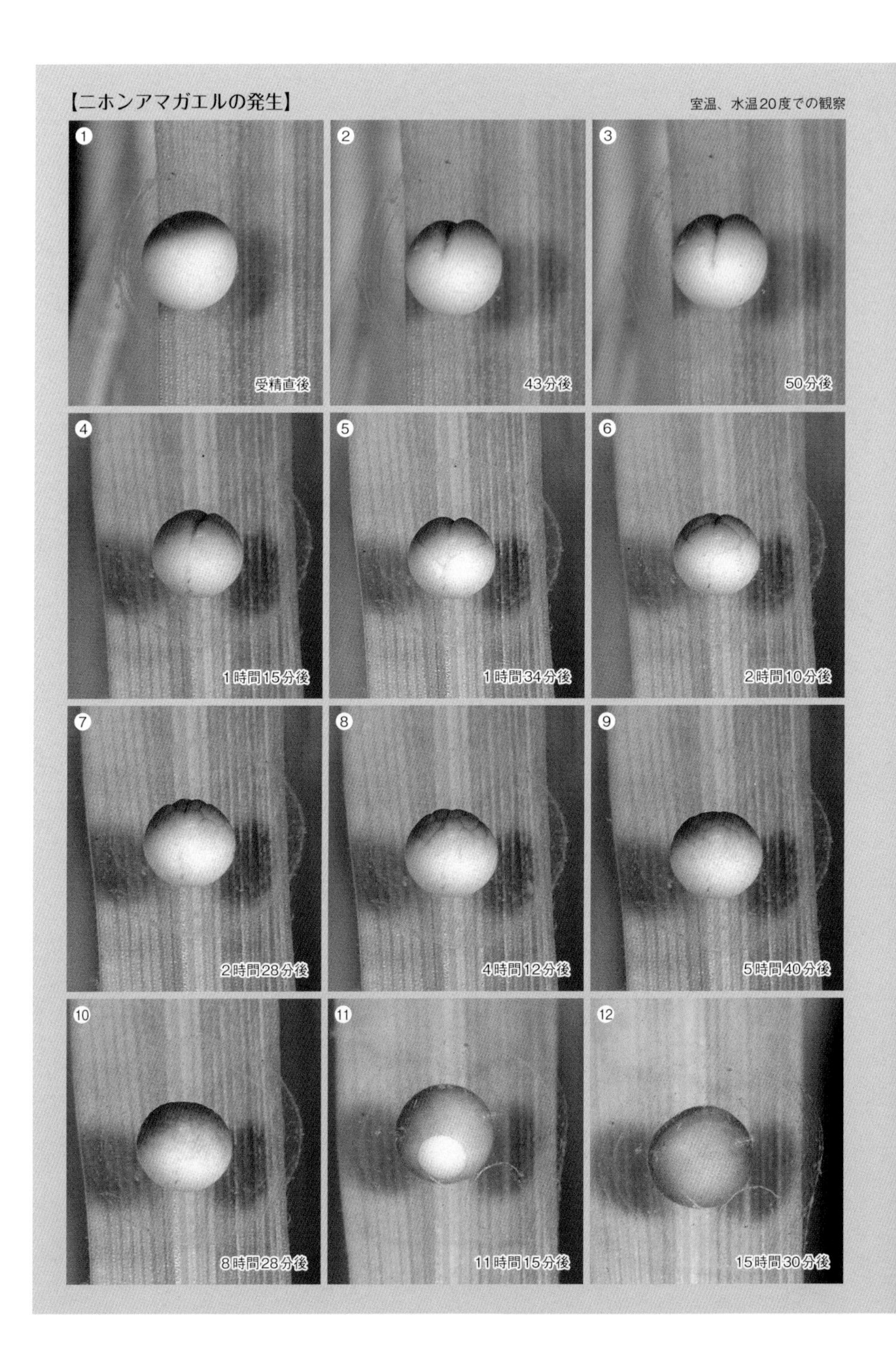
【ニホンアマガエルの発生】
室温、水温20度での観察
①
受精直後
②
43分後
③
50分後
④
1時間15分後
⑤
1時間34分後
⑥
2時間10分後
⑦
2時間28分後
⑧
4時間12分後
⑨
5時間40分後
⑩
8時間28分後
⑪
11時間15分後
⑫
15時間30分後

写真①〜⑳：滋賀県大津市 4月

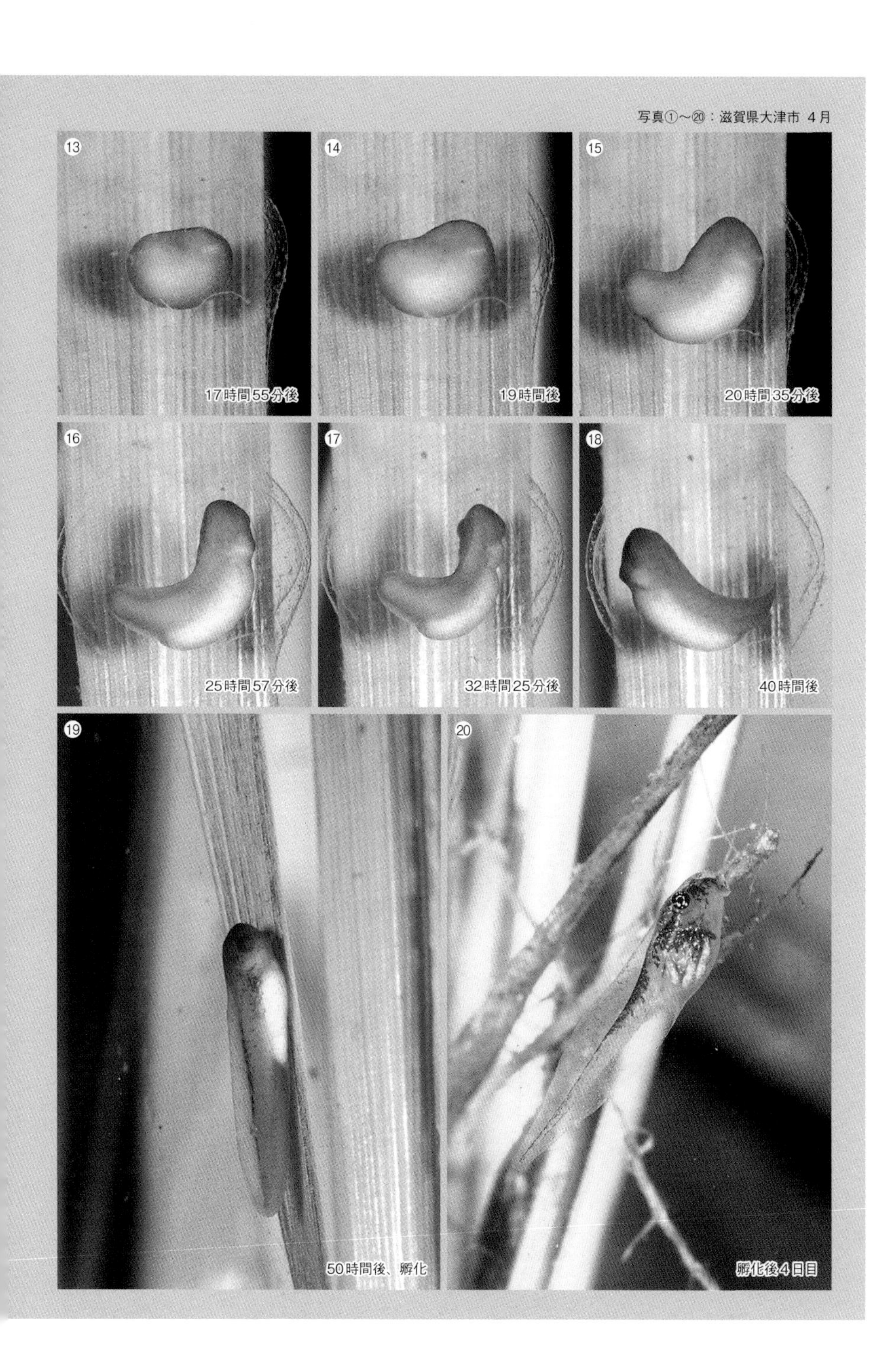

## ◆ハロウエルアマガエル

生体・識別➡38頁　生態・野外➡178頁

幼生：鹿児島県 奄美大島 4月

①幼体：鹿児島県 奄美大島 7月　②卵塊：鹿児島県 奄美大島 4月

## ◆ニホンアカガエル

生体・識別➡39頁　生態・野外➡179頁

①幼生：滋賀県甲賀市 2月　②幼体：滋賀県甲賀市 5月　③卵塊：滋賀県甲賀市 2月

## ◆ツシマアカガエル

生体・識別➡39頁　生態・野外➡180頁

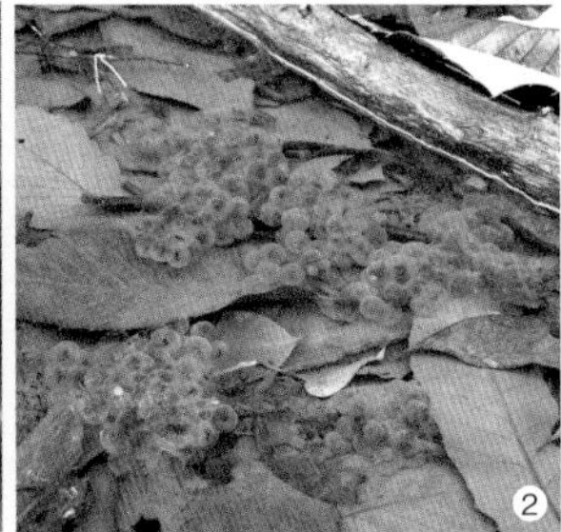

①幼生　②卵塊：長崎県 対馬 3月

## ◆アマミアカガエル

生体・識別➡39頁　生態・野外➡181頁

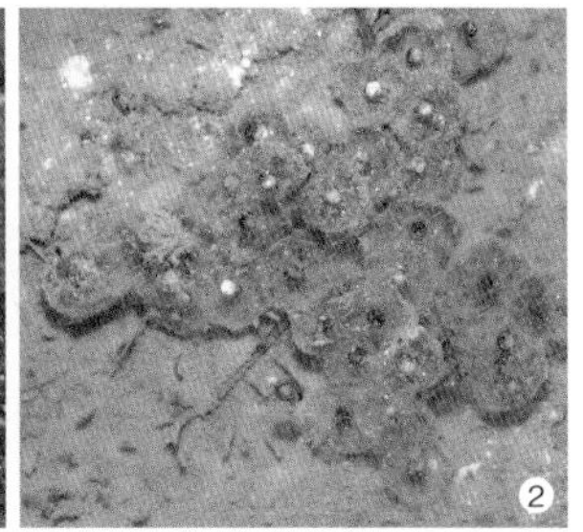

①幼生　②卵塊：鹿児島県 奄美大島 3月

## ◆リュウキュウアカガエル

生体・識別➡39頁　生態・野外➡182頁

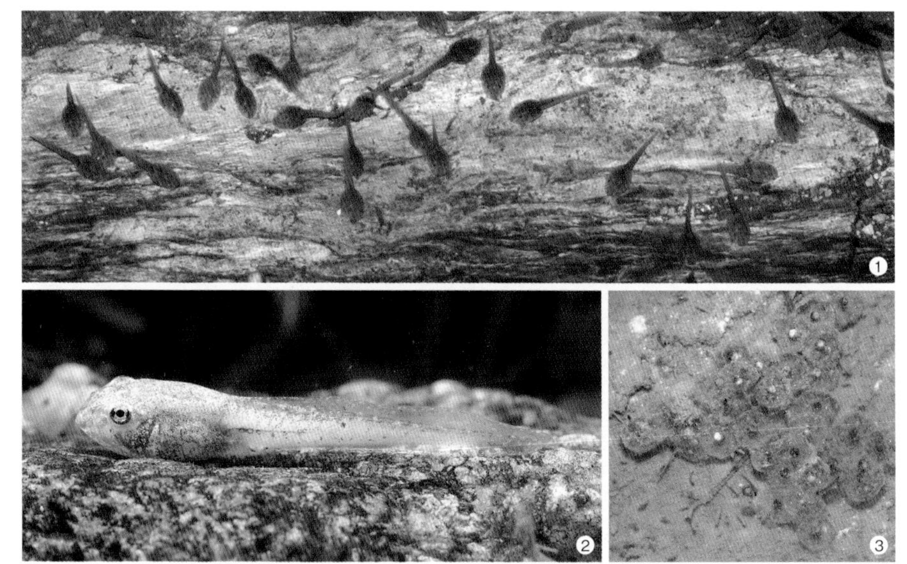

①幼生　②幼生：沖縄県 沖縄島 3月　③卵塊：鹿児島県 奄美大島 3月

## ◆ タゴガエル

生体・識別➡40頁　生態・野外➡183頁

幼生：愛媛県西条市 5月

卵塊：愛媛県西条市 5月

## ◆ オキタゴガエル

生体・識別➡40頁　生態・野外➡184頁

①幼生　②卵塊　③生息地：島根県 隠岐島 2月

# ◆ナガレタゴガエル

生体・識別➡40頁　生態・野外➡186頁

幼生：東京都西多摩郡 5月

卵塊：東京都西多摩郡 5月

# ◆ネバタゴガエル

生体・識別➡41頁　生態・野外➡187頁

幼生：長野県下伊那郡 4月

①幼体　②卵塊：長野県下伊那郡 4月

# ◆エゾアカガエル

生体・識別➡41頁　生態・野外➡188頁

幼生：北海道釧路市 5月

①卵塊　②水芭蕉の根元に生み出された卵塊：北海道釧路市 5月

## ◆ヤマアカガエル

生体・識別➡41頁　生態・野外➡189頁

幼生：滋賀県高島市 4月

卵塊：富山県小矢部市 3月

## ◆チョウセンヤマアカガエル

生体・識別➡41頁　生態・野外➡190頁

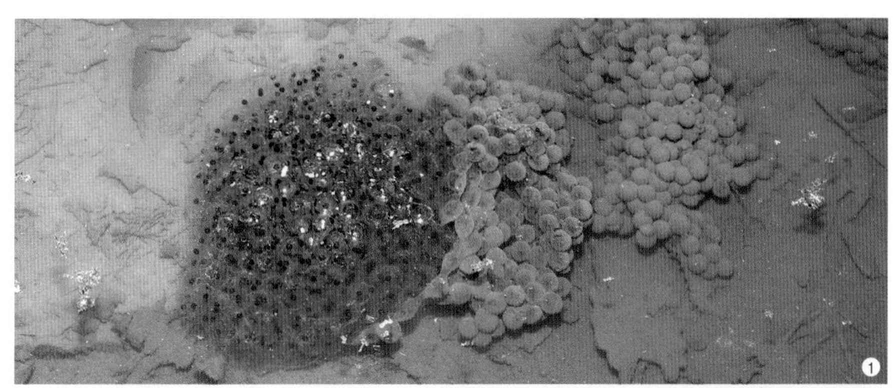
①

②

①卵塊　②幼生：長崎県 対馬 3月

# ◆ トノサマガエル

生体・識別➡42頁　生態・野外➡192頁



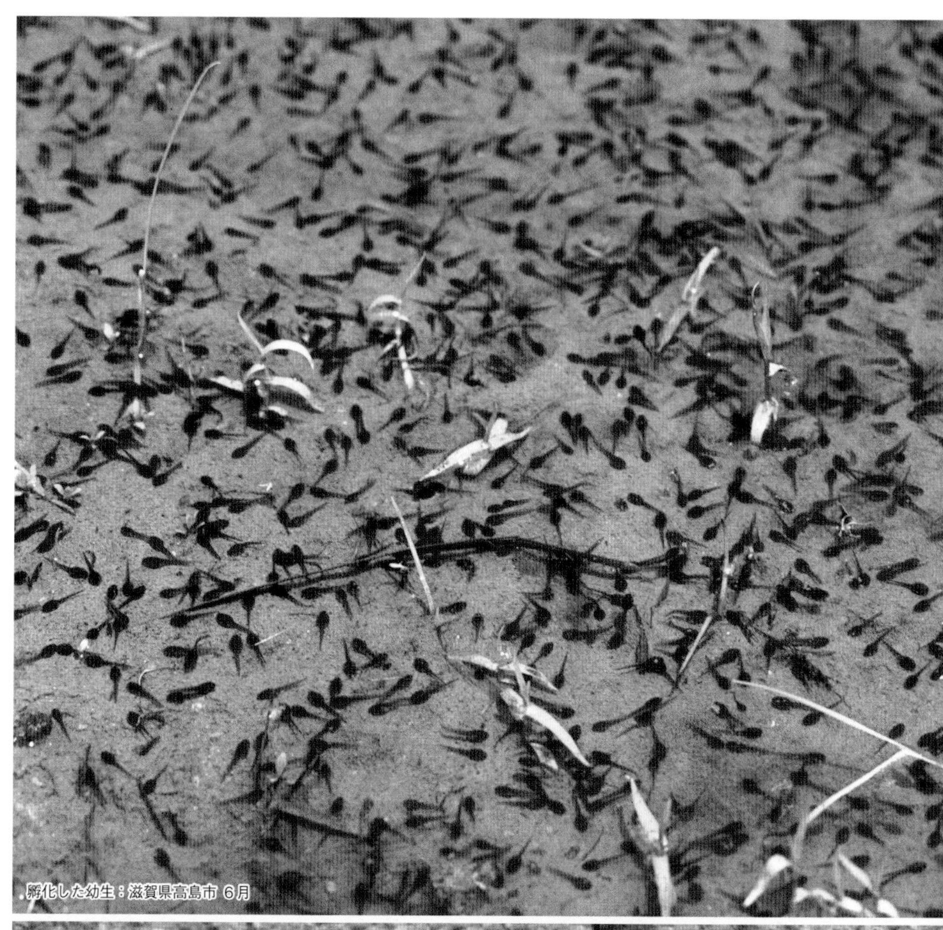
孵化した幼生：滋賀県高島市 6月

幼生：滋賀県高島市 5月

①幼体：滋賀県高島市 10月　②卵塊：滋賀県高島市 5月

## ◆ トウキョウダルマガエル

生体・識別➡42頁　生態・野外➡191頁

①幼生　②卵塊：埼玉県比企郡 6月

## ◆ ナゴヤダルマガエル

生体・識別➡42頁　生態・野外➡194頁

①幼生　②変態中の幼体　③卵塊と生息環境：滋賀県大津市 6月

# ◆ ツチガエル

生体・識別➡43頁　生態・野外➡195頁

①幼生　②ミズカマキリに食べられる幼生　③卵塊：滋賀県大津市 5月

# ◆ サドガエル

生体・識別➡43頁　生態・野外➡196頁

①幼生　②卵塊：新潟県 佐渡島 5月

## ◆ ウシガエル

生体・識別➡43頁　生態・野外➡197頁

①幼生　②幼体：滋賀県大津市 8月　②卵塊：滋賀県大津市 6月



## ◆ アマミイシカワガエル

生体・識別➡44頁
生態・野外➡198頁

幼体：鹿児島県 奄美大島 8月

## ◆ オキナワイシカワガエル

生体・識別➡44頁
生態・野外➡199頁

①幼体　②幼生：沖縄県 沖縄島 7月

## ◆アマミハナサキガエル

生体・識別➡45頁　生態・野外➡200頁

①幼体　②幼生：鹿児島県 奄美大島 6月

## ◆ハナサキガエル

生体・識別➡45頁　生態・野外➡201頁

幼体：沖縄県 沖縄島 5月

①卵塊　②幼生：沖縄県 沖縄島 1月

## ◆オオハナサキガエル

生体・識別➡45頁　生態・野外➡202頁

①卵塊　②幼生：沖縄県 石垣島 5月

## ◆ ヤエヤマハラブチガエル

生体・識別➡46頁　生態・野外➡204頁

①卵塊　②幼生：沖縄県 石垣島 4月

## ◆ オットンガエル

生体・識別➡46頁　生態・野外➡205頁

幼体：鹿児島県 奄美大島 10月

①幼生：鹿児島県 奄美大島 10月　②卵塊：鹿児島県 奄美大島 8月

## ◆ ホルストガエル

生体・識別➡46頁　生態・野外➡206頁

①幼生　②幼体：沖縄県 沖縄島 8月

## ◆ヌマガエル

生体・識別➡47頁　生態・野外➡207頁

①卵：滋賀県大津市 6月　②幼生：滋賀県大津市 6月

## ◆サキシマヌマガエル

生体・識別➡47頁　生態・野外➡208頁

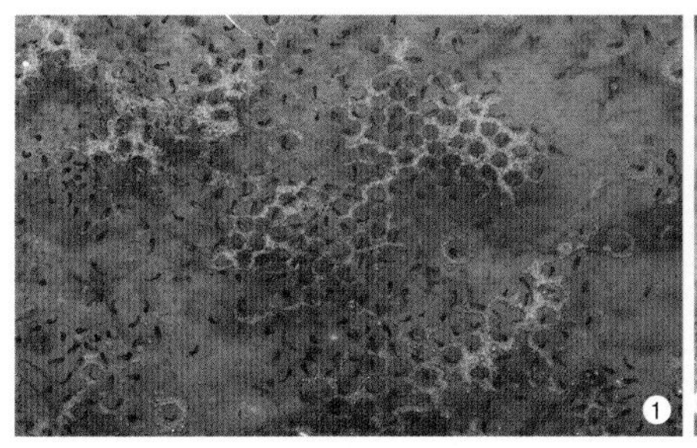

①卵：沖縄県 石垣島 7月 ②幼生：沖縄県 与那国島 4月

## ◆ナミエガエル

生体・識別➡47頁　生態・野外➡209頁

幼体：沖縄県 沖縄島 6月

①幼生　②卵：沖縄県 沖縄島 9月

## ◆モリアオガエル

生体・識別➡48頁　生態・野外➡210頁

卵塊：滋賀県高島市 6月

幼生：滋賀県高島市 6月

①幼体：滋賀県高島市 7月　②幼体色彩変異（アルビノ）：大阪府高槻市 7月　③幼生口器：滋賀県高島市 6月

## ◆シュレーゲルアオガエル

生体・識別➡48頁　生態・野外➡211頁

①卵塊　②幼生　③幼生色彩変異（透明）：滋賀県高島市 5月

## ◆アマミアオガエル

生体・識別➡49頁　生態・野外➡212頁

①幼生 ②卵塊：鹿児島県 奄美大島 5月

## ◆オキナワアオガエル

生体・識別➡49頁　生態・野外➡213頁

変態中の幼体：沖縄県沖縄島４月

①幼生　②卵塊：沖縄県沖縄島 3月

## ◆ヤエヤマアオガエル

生体・識別➡49頁　生態・野外➡214頁

変態中の幼体：沖縄県石垣島 3月

①幼生　②卵塊：沖縄県石垣島 3月

## ◆ シロアゴガエル

生体・識別➡50頁　生態・野外➡215頁

幼生：沖縄県 宮古島 10月

卵塊：沖縄県 宮古島 10月



## ◆ アイフィンガーガエル

生体・識別➡50頁　生態・野外➡216頁

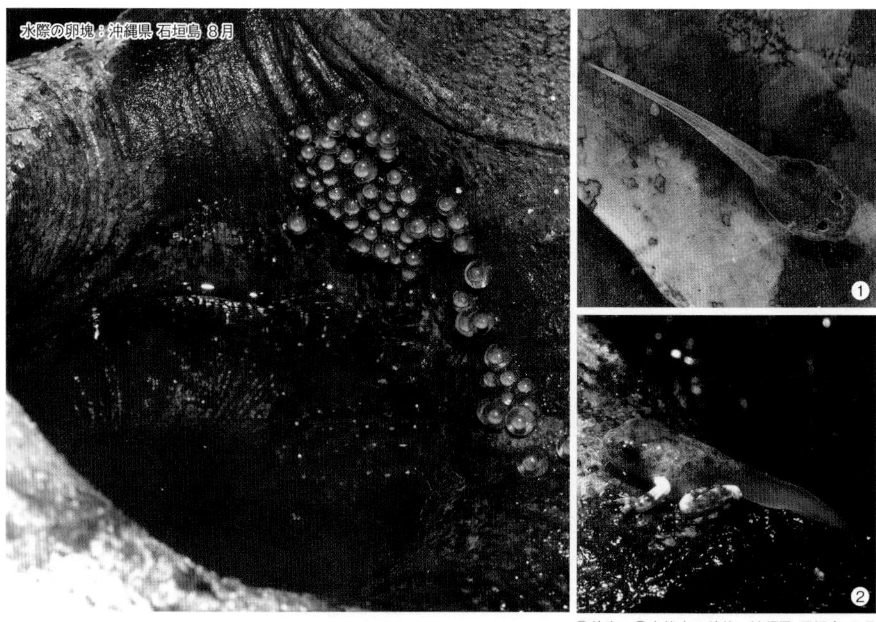
水際の卵塊：沖縄県 石垣島 8月

①幼生　②変態中の幼体：沖縄県 石垣島 8月

## ◆ カジカガエル

生体・識別➡50頁　生態・野外➡217頁

幼生：滋賀県高島市 6月

卵塊：滋賀県高島市 6月



## ◆ リュウキュウカジカガエル

生体・識別➡51頁　生態・野外➡218頁

幼体：鹿児島県 宝島 8月

①幼生　②卵：鹿児島県 奄美大島 6月

# ◆ヒメアマガエル

生体・識別➡51頁　生態・野外➡220頁

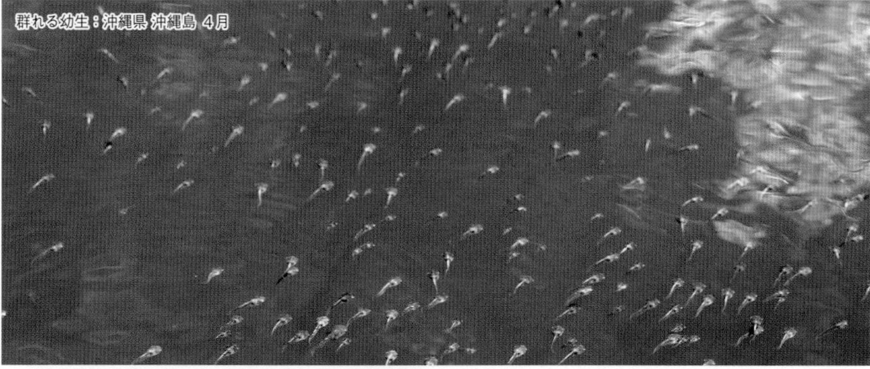

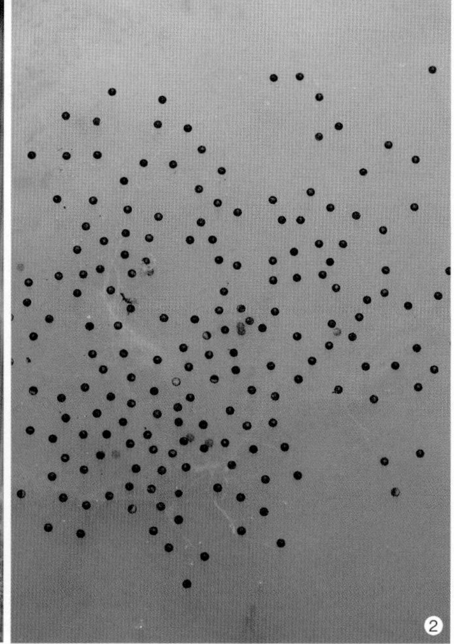

①幼体　②卵塊：鹿児島県 奄美大島 5月

# 第3章
# 生態・野外

■日本に生息する両生類のフィールドで撮影した美しい生態写真を掲載
■体の特徴や生息地等の情報を詳細に解説

## 第３章の使い方

目、科の分類 — 無尾目 ヒキガエル科

撮影地等の個体情報 — 1秋の雑木林に現れる：滋賀県大津市 10月　2オス　3メス：滋賀県高島市 3月

標準和名 — ◆アズマヒキガエル

1章、2章の掲載ページ — 生体・飼育➡36頁　卵・幼生➡80頁

生物学的特徴や生息地の情報 —

日本固有亜種。近畿から東の本州東北部、北海道南部に分布する。伊豆大島、北海道西部には人為移入されている。低地から山地の海岸付近から高山まで様々な環境でみられる。都市にある公園や人家の庭等にもすむ。「がま」「がまがえる」「ヒキガエル」等と呼ばれる大型のカエル。体形はずんぐりしており、太短い四肢に大きな頭を持つ。皮膚はごつごつしていて全身にイボ状隆起を持つ。眼の後方に大きな耳腺を持ち、ここから白い毒液を出す。ほとんどジャンプはしないため、逃げられないとあきらめると、おじぎするように頭を下げ、体を膨らませ毒をアピールする仕草をとる。体色は茶褐色、黄土色、赤褐色をしており、側面に茶褐色や黒っぽい帯状の斑紋が入る個体が多いが、斑紋がみられな

168

1餌を求めて夜間活動する：滋賀県甲賀市 8月

## ◆オオサンショウウオ

生体・識別➡14頁　卵・幼生➡54頁

日本固有種。岐阜県以西の本州と四国、九州の一部に分布する。大・小河川の中流～上流域の水温や水質が安定した環境にすむ。現存する世界最大の両生類で、全長は60～70㎝が多いが、最大では150㎝以上になり、重さも35㎏に達する。一生を水中で過ごし、陸上に上がることはほとんどない。頭部は扁平で大きいが、目はとても小さい。体には多数の小さなイボを持つ。体側から四肢の後ろにかけて皮膚のひだがある。四肢は短いため陸上では体を持ち上げることができず、引きずるように移動する。背面は暗褐色で不規則な黒色模様が入るが、模様のバリエーションは豊富である。冬眠をせず周年活動する。夜行性で人目に付きにくい。繁殖は8月下旬～9月上旬にかけて河川上流部の川岸にできた

2横顔　3カワムツを捕食　4日中でも呼吸のため顔を出す：京都府京都市 8月



深い横穴で行う。大型のオスが繁殖巣穴を占有しメスを待つ。ほかのオスが侵入すると闘争が行われるが、メスが入ると周辺のオスも一緒に産卵に加わる。メスは400～500個のクリーム色の卵を数珠状につなげて産む。オスはそのまま巣穴に留まり、幼生が巣から離れるまで保護をする。約7週間で孵化する。孵化したばかりの幼生は真っ黒でアカハライモリの幼生に似る。4年ほどで変態するが、その間に体色は墨色から褐色に変化し、黒褐色の斑紋も出てくる。飼育下では51年生きた記録が残るが、もっと長く生きると考えられている。目の前に来る動くものならとりあえず食べるが、主にサワガニや魚を食べる。怒ると体から白く粘り気のあるにおいのある分泌物を出すが、このにおいが植物の山椒に例えられる。環境省RL2020では絶滅危惧Ⅱ類、また国の特別天然記念物、岐阜県・岡山県・大分県では生息地が天然記念物に指定されている。

5小さな滝を難なく越える　6侵入個体を威嚇する　7腹面　8産卵期には日中も活動する：京都府京都市 8月

9泳ぐ：京都府京都市 8月

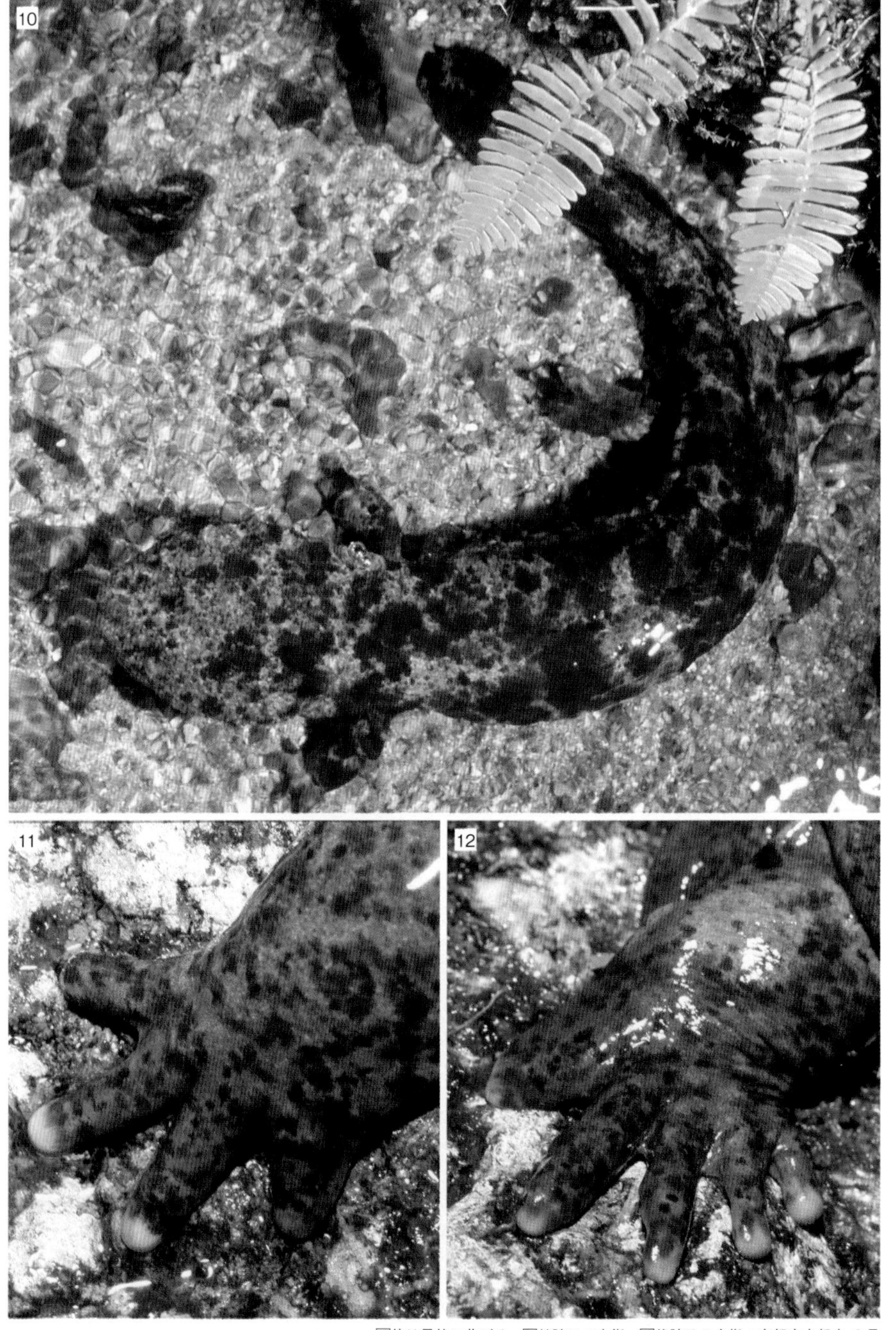


10体は柔軟に曲がる　11前肢は４本指　12後肢は５本指：京都府京都市　８月

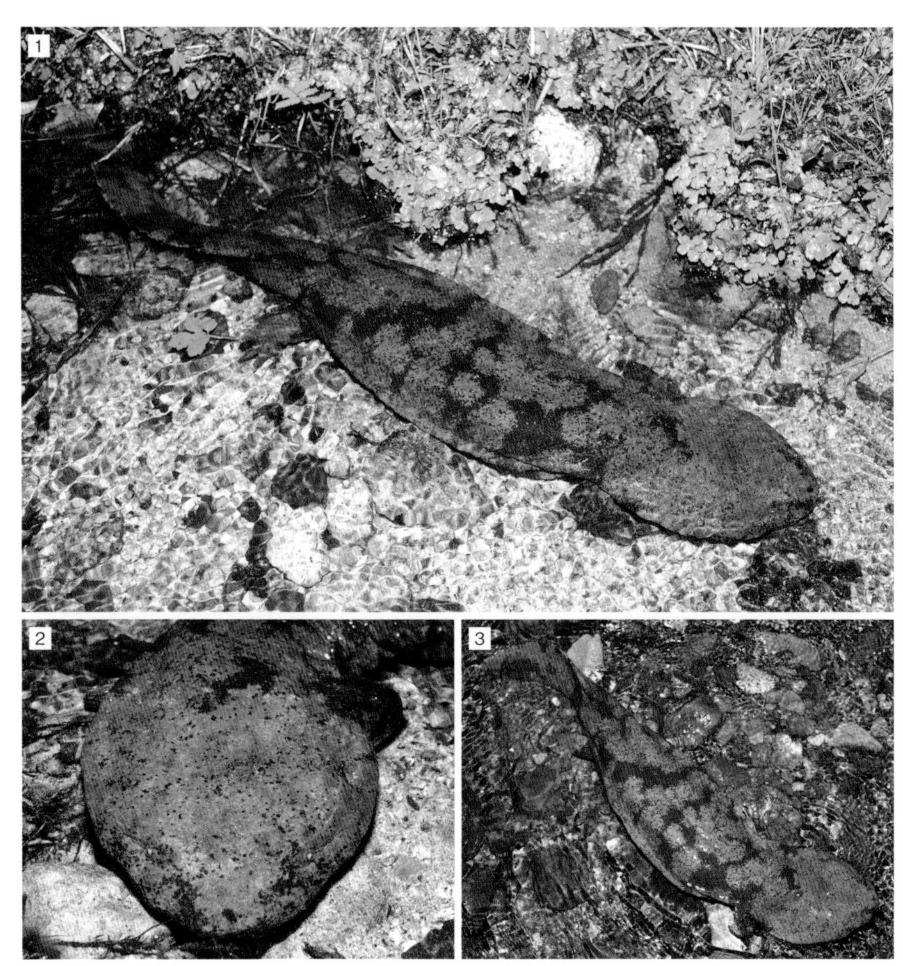


1大きな斑がある 2眼の間隔が狭い 3活発に動く：京都府京都市 8月

## ◆チュウゴクオオサンショウウオ

生体・識別➡16頁

原産地は中国で、黄河・長江・珠江流域に広く分布する。国内では京都府や三重県等に移入されている。オオサンショウウオとともに世界最大の両生類。河川の中流から上流にかけてみられる。オオサンショウウオに比べると眼が大きく、イボが対になる。背面の模様は薄く、淡褐色の大きな斑紋を持つ。頭部を横からみると吻端が扁平でアヒルのような顔つきになるが、区別は難しい。主にカニや魚、カエルを食べる。日本での繁殖期は8月～9月と考えられる。産卵習性やオスによる幼生の保護習性はオオサンショウウオに似ると思われる。中国では食用や保全のために養殖が行われている。ワシントン条約の附属書Ⅰに掲載され国際商取引が禁じられている。中国の国家Ⅱ級重点保護野生動物に指定。

1 120㎝を超える大型個体　2 頭部　3 斑がほとんどみられない個体：京都府京都市 7月

## ◆オオサンショウウオとチュウゴクオオサンショウウオの交雑個体

生体・識別➡16頁
卵・幼生➡57頁

京都府、三重県、奈良県等で確認されている。食用目的に導入されたチュウゴクオオサンショウウオとオオサンショウウオとの交雑個体。既に繁殖し定着していることも知られている。河川の上流域から中流域まで幅広くみられる。体色や模様のバリエーションが多く、外見での区別は難しいため野外でみつけてもDNA鑑定による判定が必要。オオサンショウウオ類は属として国際保護動物に指定されているため、雑種も許可なく捕獲・譲渡はできない。貪欲で魚類、甲殻類等を食べる。大雨等で流され別の河川に侵入することが懸念されており、将来的には純粋なオオサンショウウオの姿をみることができなくなってしまうかもしれない。各地で懸命な対策がとられているが、様々な課題が多い。

1成体 2成体 3正面：秋田県にかほ市 6月

## ◆キタオウシュウサンショウウオ

生体・識別➡18頁 卵・幼生➡58頁

日本固有種。東北地方北部の奥羽山脈の蔵王山と鳥海山〜秋田・山形県境から青森県の下北半島にかけて分布する。自然林の残る山地の源流部とその付近にみられる。青森県平川市を基準産地にして、2012年に記載された種類であり、和名は東北地方の呼び名である「奥州」の北部に分布することから名付けられている。体色は暗褐色であり、黄褐色の帯状模様が入る。大型で尾が短く、頭幅が広いと言われるが、小型の個体や尾が非常に長い個体がいる等地域変異が大きいため、同属他種との見分け方が難しい。同属の他種と同じく乾燥には弱い。繁殖期は初夏から夏にかけてであり、山地の源流域にある伏流水中に紡錘型の卵のうを産む。幼生は3年以上かけて変態、上陸する。

1メス（上）・オス（下） 2横顔 3成体オス：福島県南会津郡 6月

## ◆ハコネサンショウウオ

生体・識別➡18頁 卵・幼生➡59頁

日本固有種。東は茨城県北西部、北は新潟県中北部、南は和歌山県、西は山口県に囲まれた本州に分布する。冷涼で湿潤な山地渓流や森林に生息する。体色の地色は黒褐色や褐色で、背面に褐色や黄褐色、朱色、桃色、橙色の帯状模様や斑点がある。この属は細長い体に長い尾が特徴で、眼が飛び出しているようにみえる。成体でも肺を持たず皮膚呼吸で生活する。繁殖期は5月～8月と10月～12月で、山地渓流の岩石の下や伏流水中等に、長い卵形の卵のうに包まれた2～18個のクリーム色をした卵を産む。幼生は指先に黒い爪を持つ。変態までに2年以上を要するため、生息地では様々な発生段階の幼生がみられる。この属には最近記載された5種に加えて隠蔽種がいると考えられ、今後の研究が期待される。

4成体オス　5 6正面顔：京都府京都市 6月　7 8背中の模様：滋賀県長浜市 7月

1成体メス　2成体オス　3正面：徳島県三好市 5月

## ◆シコクハコネサンショウウオ

生体・識別➡19頁　卵・幼生➡60頁

日本固有種。徳島県、愛媛県、高知県と岡山県、広島県、山口県に分布する。自然林の残る山地の源流部とその付近にみられる。和名は主に四国に分布することにちなんでいる。種小名の*kinneburi*は石鎚山周辺の地方名「キンネブリ」に由来している。背面は黒褐色で橙色や黄色の帯状斑紋を持つ。腹面は淡色である。中国地方で同所的に分布するハコネサンショウウオとは胸部にある1対の暗色斑紋がないことで区別が付く。繁殖期は春から初夏で、山地の源流域にある伏流水中に産卵する。卵のうは円筒形もしくは紡錘型である。主に昆虫やミミズを食べる。約430万年前に種分化し、氷河期に四国から中国地方へ分布を拡散したと推測される。環境省RL2020では絶滅危惧Ⅱ類に指定。

1成体　2成体　3正面　4横顔：茨城県つくば市 6月



## ◆ツクバハコネサンショウウオ

生体・識別➡19頁　卵・幼生➡61頁

日本固有種。茨城県の筑波山系の標高350m以上に分布する。自然林の残る山地の源流部とその付近にみられる。和名は基準産地である「筑波山」から名付けられている。体色は灰茶色や紫がかった灰色である。背面には赤褐色の帯状模様があり、側面には銀白色の斑紋がある。同属他種と比べて尾が非常に短い。繁殖期は初夏で、山地の源流域にある伏流水中で一年を通して水量と水温が安定した場所に紡錘型の卵のうに包まれた卵を産む。幼生の体には銀白色の斑紋があり、尾の背側に黄色い条線がある。約280万年前より孤立して独自にこの限られた地域で進化したと考えられている。環境省RL2020では絶滅危惧ＩＡ類、また種の保存法の国内希少野生動植物種に指定されている。

1成体 2正面 3横顔：福山県南会津郡 6月

## ◆タダミハコネサンショウウオ

生体・識別➡19頁 卵・幼生➡61頁

日本固有種。福島県只見町と新潟県三条市周辺に分布する。自然林の残る山地の源流部とその付近にみられる。和名は基準産地がある福島県の只見町より名付けられている。種小名*fuscus*は「黒い、暗い」を意味し、黒褐色で模様のない体色にちなむ。体色はハコネサンショウウオや近縁種にみられる特徴的な背中の斑紋や帯状模様を欠き、ほぼ黒褐色か暗褐色の単色である。ハコネサンショウウオよりも尾が短いこと、左右の歯の間に隙間があることで区別ができる。繁殖期は晩秋から初冬で、山地の源流域にある伏流水中に紡錘型の卵のうに包まれた卵を産む。ハコネサンショウウオと同所的に分布していることもある。環境省RL2020では準絶滅危惧に指定されている。

1成体　2正面　3横顔：福島県郡山市 6月



## ◆バンダイハコネサンショウウオ

生体・識別➡19頁　卵・幼生➡62頁

日本固有種。東北地方南部、新潟県北部、茨城県北東部にみられる。自然林の残る山地の源流部とその付近にみられる。福島県郡山市を基準産地に2014年に記載された種類で、和名は「会津磐梯山」より名付けられている。種小名は*intermedius*と言いキタオウシュウサンショウウオとハコネサンショウウオの「中間」に分布することより名付けられている。体色は暗褐色に茶褐色の帯状模様が入る。ハコネサンショウウオに比べると小型で尾が短いこと、歯の数が多いことで区別がつく。繁殖期は初冬と考えられているが、初夏に産卵している可能性もある。山地の源流域にある伏流水中に円筒形もしくは紡錘型の卵のうに包まれた卵を産む。環境省RL2020では準絶滅危惧に指定されている。

1成体オス　2成体メス　3正面：北海道釧路市 6月

## ◆キタサンショウウオ

生体・識別➡20頁　卵・幼生➡62頁

ヨーロッパロシア東部に分布する。国内では北海道の釧路湿原周辺でのみ知られていたが、近年、上士幌町でみつかった。両生類全体で最も広域に分布する種類。背面は暗褐色の地色に黄褐色の帯を持つ。後肢も4本指である。繁殖期は4月中旬～5月中旬で、湿原内の池や水たまり等の止水域で行われる。卵のうは青白くバナナ状で、水中の枯れ草や枝に産み付けられる。産卵数は110～340卵と多い。幼生は口が小さく共食いをしないで、7月から変態、上陸をする。主に昆虫やクモ、ミミズを食べる。低温に対する耐性が非常に高い。系統的にはハコネサンショウウオ属とカスミサンショウウオ属の間に位置する。環境省RL2020では絶滅危惧ⅠB類、また北海道釧路市と標茶町の天然記念物に指定。

1産卵中　2オス　3メス：北海道釧路市 5月

## ◆エゾサンショウウオ

生体・識別➡20頁　卵・幼生➡63頁

日本固有種。北海道のみに分布する。平地から山地にかけての池、沼、沢等の周辺でみられる。背面の体色は暗褐色または茶褐色、灰褐色である。若い個体等では黄土色の斑紋がみられることが多い。繁殖期は4月～7月で、池沼や流れのゆるやかな沢だまり、湿地等の止水域で行われる。卵のうはコイル型をしており、枯れ枝等に産み付けられる。産卵数は60～150卵。幼生は2カ月以内に変態し、上陸を行うが、寒冷地では変態するのに2～3年かかる個体もいる。倶多楽湖では、幼形成熟した個体がみつかったこともある。また幼生の一部には、頭部が大きくなり、共食いやカエルの幼生の捕食に有利な個体が出現する。環境省RL2020では情報不足に指定されている。

1正面　2オス　3メス：和歌山県西牟婁郡 5月

## ◆オオダイガハラサンショウウオ

生体・識別➡20頁　卵・幼生➡63頁

日本固有種。紀伊半島（三重県、奈良県、和歌山県）に分布する。標高400～1,750mの森林の渓流付近でみられる。背面の体色は藍色で腹面は色が淡い。繁殖期は2月～5月、流水性で山地渓流の源流中にある大きな岩の下に産卵。卵のうはバナナ状で、産卵数は17～45卵である。幼生はブチサンショウウオに似るが大型で頭が角ばる。四肢後縁にはひだを持たず、黒い爪がある。幼生の大部分は翌年もしくは翌々年に上陸する。主に昆虫類やクモ、シーボルトミミズを食べる。かつては四国・九州にも分布するとされたが、近年それらは別種のイシヅチ、ソボ、オオスミの各サンショウウオとして分離された。環境省RL2020では絶滅危惧Ⅱ類、また三重県、奈良県、和歌山県の天然記念物にも指定。

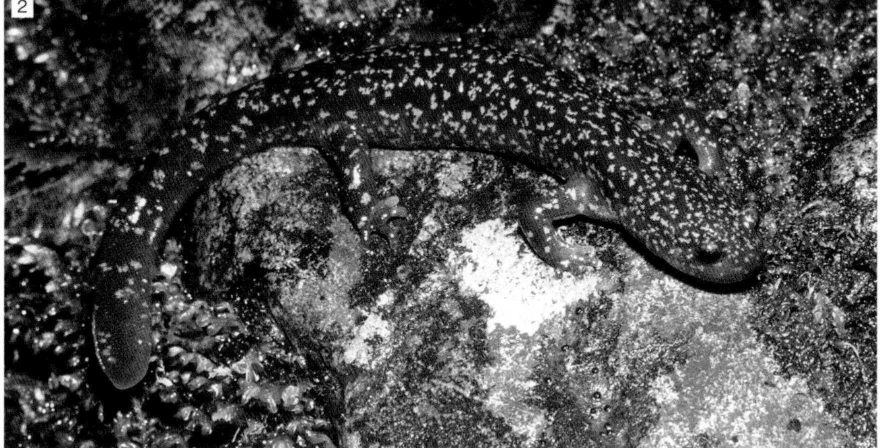

1黄色が強い個体：兵庫県神戸市 3月　2均一な斑紋がみられる個体：滋賀県長浜市 3月



## ◆ヒダサンショウウオ

生体・識別➡20頁　卵・幼生➡64頁

日本固有種。中部地方から中国地方にかけての標高35～1,800mにすむ。自然林の残る山地の小さな渓流付近でみられる。背面は紫褐色で黄色の斑紋が多い個体や少ない個体がみられるが腹面にはない。四肢が短く、尾は円筒形をしている。繁殖は2月上旬～4月中旬に渓流の源流部で行われる。ガレ場状に岩が積み重なる水中の岩下等の流水域に産卵する。卵のう外皮はとても丈夫でバナナ型をしている。水中では虹色光沢がある。産卵数は13～51卵。幼生は黒い爪を持つことが多い。8月から変態、上陸するが、幼生のまま冬を越すものもみられる。主に昆虫やミミズを食べる。関東地方周辺の個体群は2018年に別種として記載された。環境省のRL2020では準絶滅危惧に指定されている。

1横顔 2斑紋が多い個体 3斑紋が少ない個体：東京都西多摩郡 3月

## ◆ヒガシヒダサンショウウオ

生体・識別➡21頁 卵・幼生➡64頁

日本固有種。関東地方西部～愛知県北東部にすむ。常緑樹林がある渓流の源流付近でみられる。背面は暗紫色～茶褐色で黄色や金色の斑紋が多い個体や少ない個体がみられるが、連続的に縞模様状になることはない。繁殖最盛期は2月上旬～3月中旬で、渓流の源流部で行われる。ガレ場状に岩が積み重なる水中の岩下等の流水域に産卵する。卵のうはバナナ型で明るい青紫色の光沢がある。7月より変態を開始するが、幼生のまま越冬し翌年5月末～6月初めに上陸することが多い。主に小さな無脊椎動物やミミズを食べる。種名は、同種とされてきたヒダサンショウウオとの分布境界である糸魚川ー静岡構造線（フォッサマグナ）西端付近で生じたという考えに由来する。環境省RL2020では絶滅危惧Ⅱ類に指定されている。

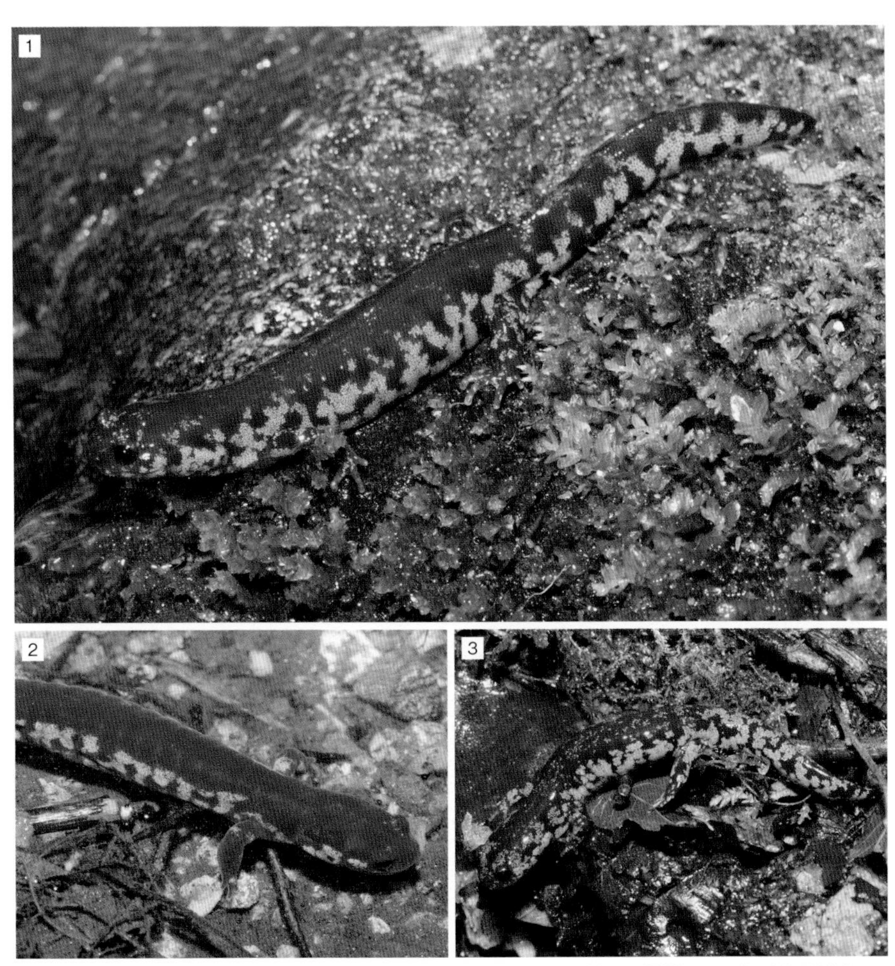

1成体　2 3背中の模様：佐賀県神埼市 4月

## ◆ブチサンショウウオ

生体・識別➡21頁　卵・幼生➡65頁

日本固有種。福岡県、佐賀県、長崎県に分布する。山地の河川上流域や源流部周辺にすむ。体色は背面が青紫色の地色で、中心は斑紋がなく濃くすっきりしている。繁殖は4月頃に行われる。河川源流域の伏流水中の石下に産卵する。卵のうはバナナ状。翌年の5月～6月頃に変態し上陸する。江戸時代にドイツ人医師シーボルトがヨーロッパに持ち帰った本種の標本に基づき1838年に記載された。チクシブチサンショウウオやチュウゴクブチサンショウウオに比べて鋤骨歯列（じょこつしれつ）が多く深い。また鼻孔間の距離が短い。体が大きく後肢が短い特徴がある。主にダンゴムシの仲間やヨコエビ類、ミミズ等を食べる。環境省RL2020では絶滅危惧ⅠB類に指定されている。

1卵の近くにいたオス：島根県仁多郡 4月　2斑紋が細かい個体：広島県庄原市 4月　3白味が強い個体：島根県仁多郡 4月

## ◆チュウゴクブチサンショウウオ

生体・識別➡21頁　卵・幼生➡65頁

日本固有種。鳥取県、岡山県～山口県にかけての中国地方に分布する。山地の河川上流域や源流部周辺にすむ。体色は赤紫色の地色に灰褐色の雲状斑が多く入るが、体色には変異が多い。繁殖は4月中旬～5月下旬に行われる。源流域の伏流水の石下に産卵する。卵のうはバナナ状。幼生は爪が白いか、全くない。ブチサンショウウオとされていたが2019年に新種記載された。ブチサンショウウオやチクシブチサンショウウオに比べて鋤骨歯列が少なく浅い。また鼻孔間の距離が長い。イシヅチサンショウウオやアカイシサンショウウオに近い種だと考えられている。種小名の*sematonotos*はギリシャ語で背中に模様があるという意味。環境省RL2020では絶滅危惧Ⅱ類に指定されている。

1横顔　2成体オス　3成体メス：福岡県北九州市 4月

## ◆チクシブチサンショウウオ

生体・識別➡21頁　卵・幼生➡65頁

日本固有種。九州北東部の福岡県、熊本県、大分県の一部に分布する。山地の河川上流域や源流部周辺にすむ。体色はブチサンショウウオに似るが、背面はやや薄い青紫色をしている、また中心に銀白色の斑紋を持つ個体もいる。繁殖は4月頃に行われる。源流域の伏流水中の石下に産卵する。卵のうはバナナ状。ブチサンショウウオとされていたが、2019年に新種記載された。鋤骨歯列がブチサンショウウオとチュウゴクブチサンショウウオの中間的な深さをしている。また鼻孔間の距離が長い。学名は九州帝国大学の小山準二博士に献名され、和名は分布域である九州東北部の筑紫地方に由来する。環境省RL2020では絶滅危惧Ⅱ類に指定されている。

1成体　2正面：長野県飯田市 4月

## ◆アカイシサンショウウオ

生体・識別➡22頁　卵・幼生➡66頁

日本固有種。静岡県、長野県、愛知県、山梨県に分布する。標高500～1,200mの自然林が残り、礫が多い渓流の源流付近と周辺の斜面や落ち葉下等でみつかっている。背面は紫褐色の単色だが、小さな銀白色の斑を持つ個体もいる。腹面は淡褐色でのどに斑を持つ。繁殖については不明だが、4月～5月上旬に渓流の伏流水中で産卵していると考えられる。野外で幼生もみつかっていないが、卵数は9～13個と少なく、大型でクリーム色をしていることから、コガタブチサンショウウオと同じく地下生活をしていると考えられる。同所的にすむヒダサンショウウオとは背面の黄色い斑紋を持たないことで区別ができる。環境省RL2020では絶滅危惧ⅠB類、また長野県の指定希少野生動植物に指定。

1正面：愛媛県西条市 5月　2オス　3メス：高知県高知市 5月

## ◆イシヅチサンショウウオ

生体・識別➡22頁　卵・幼生➡66頁

日本固有種。四国地方の山地に分布する。標高500～1,700mの森林にある渓流付近でみられる。背面はなすび色の単一色だが、銀白色の斑点を持つ個体もみつかることがある。尾は長く、頭胴長と同じくらいになる。繁殖期は4月中旬～5月下旬。流水性であり、山地渓流の源流にある大きな岩の下に産卵する。卵のうはバナナ状で、産卵数は20～46卵である。幼生の大部分は越冬し、翌年上陸する。幼生には黒い爪がみられない。主に昆虫やクモ、シーボルトミミズ等を食べる。初め独立種として記載されたが、オオダイガハラサンショウウオと同種にされた後、分類が再検討された結果、再び独立種とされた。環境省RL2020では準絶滅危惧に指定されている。

1成体：福岡県田川郡 4月　2成体：福岡県北九州市 4月　3横顔：宮崎県東臼杵郡 5月

## ◆コガタブチサンショウウオ

生体・識別➡22頁　卵・幼生➡66頁

日本固有種。福岡県、大分県、熊本県、宮崎県、鹿児島県に分布する。自然林が残る山地の源流部とその周辺にすむ。体色は褐色の地色に銀白色の斑紋が多く入る。繁殖は4月下旬〜5月上旬頃に行われる。地下の伏流水中で産卵する。卵のうはコイル状。孵化した幼生は餌を食べなくても夏頃に変態上陸する。2008年にブチサンショウウオからわかれた後、ベッコウサンショウウオのタイプ標本が本種だった。さらにコガタブチサンショウウオが細分化された。このことにより、コガタブチサンショウウオとされるのは九州に点在する個体群のみとなった。九州の南北でも生化学的には差があるようだ。環境省RL2020では絶滅危惧Ⅱ類に指定されている。

1成体：高知県高知市 5月　2成体　3正面：高知県高知市 4月

## ◆イヨシマサンショウウオ

生体・識別➡23頁　卵・幼生➡67頁

日本固有種。徳島県、愛媛県、高知県に分布する。自然林が残る山地の源流部とその周辺にすむ。体色は濃い茶色に、茶色がかった白い筋模様が入る。繁殖は5月～6月に行われる。源流域の伏流水中に産卵する。卵のうはコイル状。孵化した幼生は餌をとらなくても変態上陸できる。幼生はバランサーを持つ。コガタブチサンショウウオとされていたが、2019年に新種記載された。標高1,000m以上の山地に分布していて同所的にイシヅチサンショウウオはみられるが、ツルギサンショウウオと分布は重ならない。学名はタイプ産地の高知県の工石山に、和名は四国の古名とされる伊予洲（伊予島）に由来する。環境省RL2020では絶滅危惧Ⅱ類に指定されている。

1成体：滋賀県東近江市 3月　2成体　3正面：滋賀県長浜市 10月

## ◆マホロバサンショウウオ

生体・識別➡23頁　卵・幼生➡67頁

日本固有種。愛知県、岐阜県、滋賀県、三重県、大阪府、奈良県、和歌山県に分布する。自然林が残る山地の源流部とその周辺にすむ。沢沿いの倒木下やガレ場等でみつかることが多い。体色は茶褐色の地色に茶色がかった白い斑紋が多数みられる。繁殖は4月～6月に行われる。源流域の伏流水中の石に産卵する。卵のうはコイル状。孵化した幼生は餌を食べることなく変態上陸できる。コガタブチサンショウウオとされていたが、2019年に新種記載された。同所にオオダイガハラサンショウウオ、ヒダサンショウウオ、ハコネサンショウウオがみられる。和名は、主な分布の大和地方に由来し、種小名*guttatus*はラテン語の小さい斑点のあるという意味。環境省RL2020では絶滅危惧Ⅱ類に指定されている。

1成体　2成体　3横顔：徳島県三好市 5月



## ◆ツルギサンショウウオ

生体・識別➡23頁　卵・幼生➡67頁

日本固有種。徳島県、高知県の剣山周辺に分布する。自然林の残る山地の源流部とその周辺にすむ。体色は濃い茶褐色で、黄色っぽい筋模様を持つ個体もみられる。繁殖は5月～6月に行われる。源流域の伏流水中に産卵する。繁殖期に集まった個体が水中で「キュッキュッ」と音を発する。卵のうはコイル状。孵化した幼生は餌を食べることなく変態上陸できる。幼体は黒地に金色の斑紋が散りばめられた模様を呈する。コガタブチサンショウウオとされていたが、2019年に新種記載された。同所的にイシヅチサンショウウオやシコクハコネサンショウウオがみられる。和名も学名もタイプ産地である四国の剣山に由来する。環境省RL2020では絶滅危惧ⅠB類に指定されている。

1成体　2横顔　3正面：大分県豊後大野市 4月

## ◆ソボサンショウウオ

生体・識別➡24頁　卵・幼生➡68頁

日本固有種。宮崎県、大分県南西部及び熊本県北東部にまたがる標高500～1,500mの祖母傾山系に分布する。背面の体色は暗紫色で腹面は背面よりも明るく斑紋はない。大型で、前後肢と尾は長く、第5指はよく発達する。イシヅチサンショウウオに似ているが体がほっそりしている。水量の安定した源流や隣接する自然度の高い森林でみられる。山地渓流で繁殖し、卵・幼生はイシヅチサンショウウオに似ている。学名の由来は、大分県の両生類研究者であり第一発見者である佐藤真一氏に献名されたもの。大分県の天然記念物。環境省RL2020では絶滅危惧ⅠB類、また環境省の種の保存法の国内希少野生動植物種、熊本県の指定希少野生動物種に指定されている。

1成体　2正面　3成体：鹿児島県 大隅半島 4月



## ◆オオスミサンショウウオ

生体・識別➡24頁　卵・幼生➡68頁

日本固有種。鹿児島県の大隅半島の一部にのみ分布する。標高600ｍ以上の山地の、安定した水量を保つ渓流の源流及び周辺の自然度の高い森林でみられ、普段は陸上にある倒木や落ち葉下に潜んでいる。比較的小型で、背面の体色は一様に暗紫色で斑紋を持たない個体や細かい白斑を持つ個体がみられる。腹面は背面より明るく斑紋はない。前後肢と尾は短い。アカイシサンショウウオに似ているが、より大きく第５指も発達することで異なる。流水性であり、山地渓流で繁殖する。繁殖期は３月下旬～４月上旬だと推測されるが、夜間幼生は目にするものの、卵は断片が一度みつかっただけである。環境省のRL2020では絶滅危惧ⅠB類、環境省の種の保存法の国内希少野生動植物種に指定。

1成体：熊本県上益城郡 5月　2オス：宮崎県児湯郡 5月

## ◆ベッコウサンショウウオ

生体・識別➡24頁　卵・幼生➡69頁

日本固有種。熊本県、宮崎県、鹿児島県北部のごく一部に分布する。標高500～1,500mほどの森林にある渓流の源流域にみられる。背面は黒褐色の地色に黄色い斑紋が入る「べっ甲模様」である。腹面には斑紋がない。べっ甲模様は個体差がある。繁殖期は4月上旬～5月上旬。流水性で、渓流の岩下に産卵する。卵のうはバナナ状で、産卵数は16～57卵である。7月より変態、上陸を開始するが、そのまま水中に留まり翌年に変態するものも多い。主にクモや昆虫類、ミミズを食べる。遺伝的には目立った斑紋を持たないオオスミやアマクサの各サンショウウオと近い。環境省RL2020では絶滅危惧Ⅱ類、また熊本県の天然記念物、宮崎県、鹿児島県の指定希少野生動植物に指定されている。

1メス　2正面　3横顔：熊本県 天草諸島 3月

## ◆アマクササンショウウオ

生体・識別➡25頁

日本固有種。熊本県の天草諸島の一部にのみ分布する。安定した水量を保つ山地の源流及び、周辺の自然度の高い森林でみられる。背面の体色は薄紫色がかった茶色で腹面はより明るく白っぽい。側面から腹面、前後肢及び尾に白色の斑紋が密にある。前後肢と尾は短い。ブチサンショウウオに似ているが、銀白色のまだら模様を持たず、鋤骨歯列が長い。流水性で山地渓流で繁殖すると考えられているが、野外ではまだ卵がみつかっていない。幼生は孵化後2年以内に変態、上陸する。環境省RL2020では絶滅危惧ⅠA類、また環境省の種の保存法の国内希少野生動植物種、熊本県の指定希少野生動植物種に指定されている。生息地が局限されており、地元住民や研究者が保護に取り組んでいる。

1卵のまわりに留まるオス　2正面　3産卵場近くに休むメス：福井県あわら市 12月

## ◆アベサンショウウオ

生体・識別➡25頁　卵・幼生➡70頁

日本固有種。石川県、福井県、京都府、兵庫県のごく一部に分布する。里山環境の残る低地、山際にある自然林や二次林、湧水が残る場所でみられる。背面の体色は暗褐色、腹面は淡褐色である。繁殖期になるとオスは尾がうちわ状に広がるが、メスも尾の丈が高い。繁殖期は11月～12月の降雪期で、湧水がある水たまりや溝の落ち葉下や物陰等の止水域に産卵する。卵のうはコイル型をしており、産卵数は25～100卵である。卵のう表面には縦条が目立つ。7月から変態、上陸する。主にミミズやクモを食べる。環境省RL2020では絶滅危惧ⅠA類、種の保存法の国内希少野生動植物種に指定され、京都府や兵庫県では生息地が保護区に設定されている。また京都府の天然記念物でもある。

1オス　2メス：島根県 隠岐島 3月

## ◆オキサンショウウオ

生体・識別➡25頁　卵・幼生➡70頁

日本固有種。島根県の隠岐島後のみに分布する。自然林の残る山地渓流付近の林床でみられる。背面の体色は赤紫色やあめ色で、黄土色の斑紋を持つ個体もいる。繁殖期は2月下旬～3月である。流水性で、渓流の源流域の伏流水が流れ込んでいるような場所の岩の裏に産卵する。卵のうは表面に縦条が入るバナナ状で、産卵数は20～50卵。幼生の背面には大きな黒斑があることが多い。8月下旬から変態、上陸を行うが、幼生のまま越冬する個体もいる。主に昆虫類、クモ、ミミズを食べる。流水産卵性ではあるが、止水性のカスミサンショウウオに近縁なことがわかっている。環境省RL2020では絶滅危惧Ⅱ類、また島根県隠岐の島町の天然記念物に指定されている。

1正面　2水中に留まるオス　3産卵　4メス：新潟県柏崎市 4月

## ◆クロサンショウウオ

生体・識別➡26頁　卵・幼生➡70頁

日本固有種。福井県から長野県、茨城県以北の本州、佐渡島に分布する。海岸近くから標高2,500m以上に生息する。森林の林床にある倒木や岩下でみられる。背面の体色は褐色から緑褐色で、濃い褐色の小斑紋を持つことがあるが、名前の通り一様に黒っぽい個体が多い。四肢は長い。繁殖期は2月～7月の雪解け時期で、池、沼、水路等水深のある場所等の止水域で産卵する。卵のうはアケビ型で乳白色をしており、枯れ枝等に産み付けられる。産卵数は20～70卵。標高が高い場所では卵数が少ない傾向があり、卵のうは乳白色ではなく透明なこともある。7月から変態し、上陸するが幼生越冬することも多い。主に昆虫やミミズを食べる。環境省RL2020では準絶滅危惧に指定されている。

1正面　2 3成体オス：島根県出雲市 3月

# ◆サンインサンショウウオ

生体・識別➡26頁　卵・幼生➡71頁

日本固有種。兵庫県北西部〜島根県東部に分布する。山陰地方の日本海に面した低地にある放棄田や湿地、小さな池等の周辺にすむ。体色は黄土色で、尾が平たく側扁し、上下に黄条が強く出る。繁殖期は1月〜3月で放棄田や湿地、浅い池等に産卵する。卵のうはコイル状。カスミサンショウウオとされていたが2019年に新種記載された。この地域に固有の淡水魚サンインコガタスジシマドジョウ *Cobitis minamorii saninensis* の分布とよく似ており、淡水生物の成り立ちを考える上では興味深い。和名は分布域の山陰地方に由来する。種小名*setoi*は島根大学名誉教授で両生類の染色体研究で著名な瀬戸武司博士に献名された。環境省RL2020では絶滅危惧ⅠB類に指定されている。

1オス　2メス：富山県射水市 3月

## ◆ホクリクサンショウウオ

生体・識別➡26頁　卵・幼生➡71頁

日本固有種。石川県と富山県のごく一部に分布する。丘陵地や山すその湧水がある池、湿地、水田、側溝等でみられる。背面の体色は、オスは黒褐色、メスは黄褐色で濃い褐色の斑紋を持つ。繁殖期は1月下旬～4月上旬で、水田の溝や湿地、池等の止水域で産卵する。卵のうはコイル型をしており、落ち葉下や小枝等の物陰に産み付けられる。産卵数は25～145卵。卵のう表面には縦条を持たない。6月から変態・上陸するが、幼生のまま越冬する個体もいる。主にミミズや巻貝等を食べる。初めアベサンショウウオと同定されたが、遺伝的・形態的に大きく異なる。環境省RL2020では絶滅危惧ⅠB類、また石川県羽咋市では市の天然記念物に指定され、増殖池が造成され保護されている。

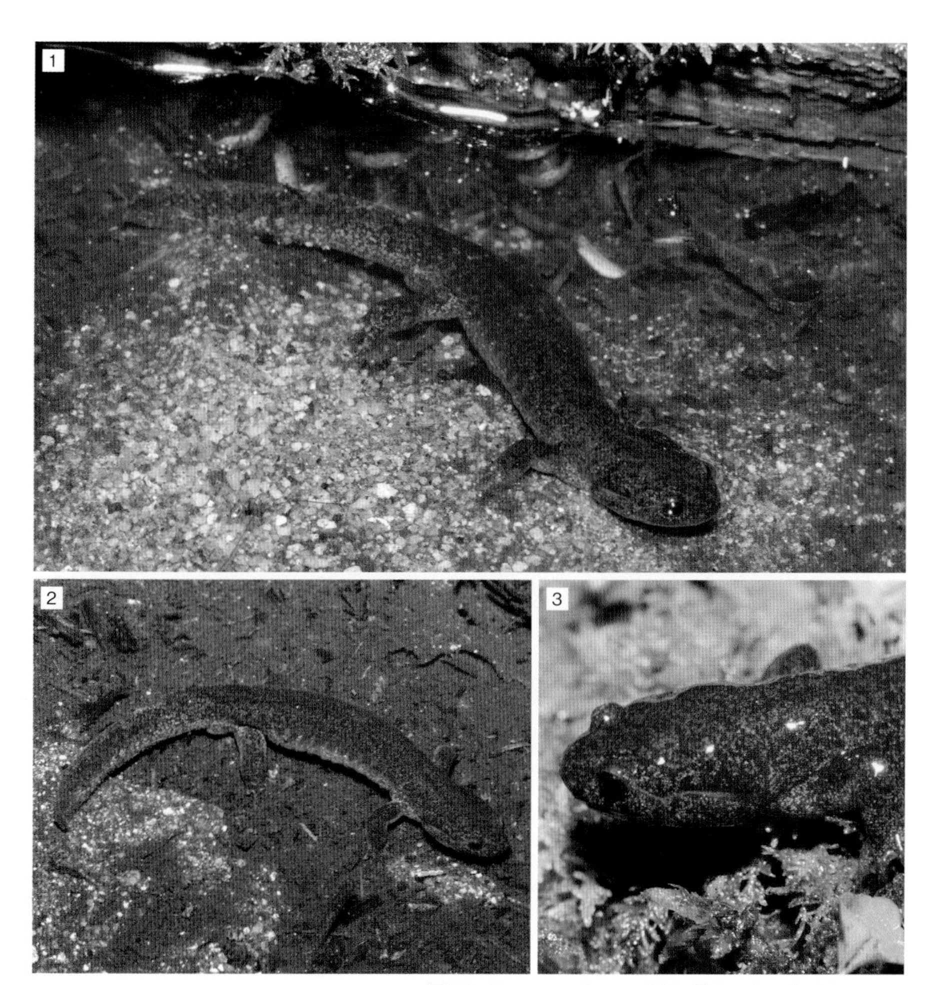

1卵塊の周りでメスを待つオス　2雄　3雄の頭部：愛知県豊田市 4月

## ◆ミカワサンショウウオ

生体・識別➡27頁　卵・幼生➡71頁

日本固有種。愛知県東部に分布する。主に湿地やその周辺の森林にすむ。体色は黒褐色や茶褐色で、青白い小さな斑点を持つ個体もみられる。繁殖期は4月で湿地内の流れの緩い場所にコイル状の卵塊を産卵する。クロサンショウウオやホクリクサンショウウオに近縁だが、四肢が短く胴が少し長いことに加え、遺伝的にも別種であることがわかり2017年に新種記載された。祖先種が本州の中央を走る山地形成によって、日本海側と太平洋側に分断された後に独自に進化した結果生じた種だと考えられている。本種の存在は、1990年代頃から知られているが、生息域が非常に狭く絶滅の恐れがある。環境省RL2020では絶滅危惧ⅠA類、また愛知県の指定希少野生動植物種に指定されている。

1卵のまわりに留まるオス 2正面 3成体：新潟県柏崎市 5月

## ◆トウホクサンショウウオ

生体・識別➡27頁 卵・幼生➡72頁

日本固有種。東北地方及び新潟県、群馬県、栃木県に分布する。海岸近くから標高1,500mの高地にかけてみられる。林床部の落ち葉や朽木下で暮らす。背面の体色は暗褐色で、青白い斑点を持つことが多い。四肢が長く、胴に沿って指先を向かい合わせると前肢と後肢が重なる。尾は比較的短い。繁殖期は1月～6月で、小さな渓流や水路等の流れがゆるい場所や止水域で産卵する。卵のうはひも状もしくはバナナ状で、表面には縦条がある。産卵数は20～100卵。幼生は秋までには変態し、上陸するのが普通だが、そのまま越冬することもある。主に昆虫やミミズを食べる。遺伝的に、東北地方北部、東北地方南部、それ以南の3集団に区別される。環境省RL2020では準絶滅危惧に指定。

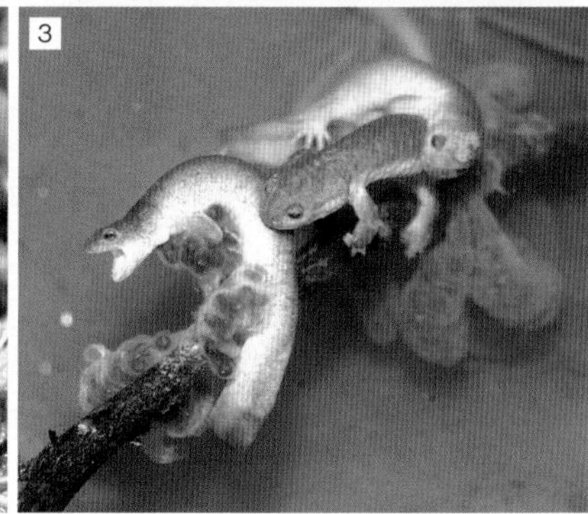

1オス：東京都あきる野市 3月 2正面：千葉県勝浦市 4月 3放精するオス：東京都あきる野市 3月

## ◆トウキョウサンショウウオ

生体・識別➡28頁 卵・幼生➡72頁

日本固有種。群馬県を除く関東地方と福島県の一部に分布する。丘陵地の水田や湧水の水たまり、池、沼付近にすむ。背面の体色は黄褐色から黒褐色であり、青白い斑紋がみられる個体もいる。カスミサンショウウオのような尾の黄色い条線はみられないのが普通である。繁殖は2月〜4月に、池や湿地等の止水域で行われる。卵のうはバナナ状であり、枯れ枝や落ち葉に産み付けられる。産卵数は50〜120卵。初夏から変態し、上陸が始まる。主に昆虫やミミズを食べる。遺伝的に、茨城県・福島県と東京都・埼玉県・千葉県・栃木県の2集団に分化していることがわかっている。環境省RL2020では絶滅危惧Ⅱ類、また環境省の特定第二種国内希少野生動植物種、東京都日の出町では天然記念物に指定されている。

1正面　2産卵の瞬間　3冬眠中：滋賀県甲賀市 2月

## ◆ヤマトサンショウウオ

生体・識別➡28頁　卵・幼生➡73頁

日本固有種。近畿地方東部～中部地方南部に分布する。主に丘陵地等にある放棄田、池やその周辺にすむ。体色は黄土色で、尾が平たく側扁し、上下に黄条が強く出るのがふつう。繁殖期は1月～3月で放棄田や湿地周辺の溝等に産卵する。卵のうはコイル状。幼生は初夏に変態上陸する。幼体の背面には黄褐色の斑点が散在する。生息地での減少が著しく各地で保護の対象種となっている。1923年にカリフォルニア科学アカデミーのキュレーターであるファンデンヴルク博士に献名され記載されたがカスミサンショウウオのシノニムになり2019年再記載された。和名はタイプ産地である奈良県大和地方に由来する。環境省RL2020では絶滅危惧Ⅱ類に指定されている。

1成体オス　2成体　3正面：岡山県赤磐市 3月



## ◆セトウチサンショウウオ

生体・識別➡28頁　卵・幼生➡74頁

日本固有種。近畿地方西部、中国地方東部、四国地方東部に分布する。主に標高20～460mにある水田や水路、池等の周辺にすむ。体色は黄土色で、尾は平たく側扁し、上下に黄条はないのがふつう。繁殖期は1月上旬～4月上旬で湿地や周辺の溝、浅い池等で産卵する。瀬戸内海周辺部に広く分布するため繁殖期にも幅がある。卵のうはコイル状。幼生は秋までに変態上陸する。決まった場所に毎年産卵に来るため、乱獲による個体の絶滅や開発による生息環境の消滅が起こりやすい。カスミサンショウウオとされていたが2019年に新種記載された。和名と種小名は瀬戸内地方東部に分布することに由来する。環境省RL2020では絶滅危惧Ⅱ類に指定されている。

1オス 2メス：長崎県 対馬 3月

# ◆ツシマサンショウウオ

生体・識別➡28頁 卵・幼生➡74頁

日本固有種。長崎県の対馬のみに分布する。平地から丘陵地の森林内を流れる小さな川とその付近に生息する。背面の体色は濃い茶褐色で、メスはこの地色に黄土色から赤褐色が加わる。尾の背中側は黄色く縁取られることが多い。繁殖期は3月～4月で、遺伝的にカスミサンショウウオの一部に近いが、流水性でゆるやかな流れの浅い水中の平たい石下に産卵することが多い。卵のうは太いコイル状で表皮は厚い。産卵数は27～75卵。幼生は秋に上陸するが、そのまま冬を越すものもいる。幼生には止水性サンショウウオの特徴であるバランサーを持つことが知られており、流水性サンショウウオにある爪はない。主にミミズやヨコエビを食べる。環境省RL2020では準絶滅危惧に指定されている。

1成体オス：長崎県長崎市　2成体：長崎県西海市　3正面：長崎県長崎市

## ◆カスミサンショウウオ

生体・識別➡29頁　卵・幼生➡74頁

日本固有種。九州北西部と周辺の離島に分布する。主に標高15～670mにある池、湿地等の周辺でみられる。体色は黄土色で、尾が平たく側扁し、上下に黄条が強く出る。繁殖期は1月下旬～3月下旬で湿地や浅い池等に産卵する。卵のうはコイル状。幼生は6月頃に変態上陸する。ドイツ人医師シーボルトが持ち帰った標本の中に含まれていた個体の中から記載された。このため、タイプ産地の長崎県周辺のものが2019年に細分化されたカスミサンショウウオの分類変更後にも名を残した。長崎市三ツ山のカスミサンショウウオはシーボルトの日本動物誌でも取り上げられている。種小名*nebulosus*は「雲状の」という体の模様にちなんだ意味がある。環境省RL2020では絶滅危惧Ⅱ類に指定されている。

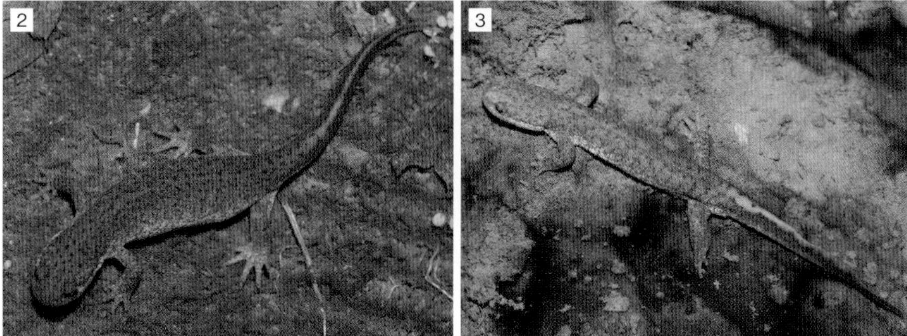

1正面　2成体　3成体：山口県美祢市 3月

## ◆ヤマグチサンショウウオ

生体・識別➡29頁　卵・幼生➡75頁

日本固有種。山口県西部と大分県の一部に分布する。主に標高15～280mにある湿地、放棄田、池、小川周辺にすむ。体色は黄土色や暗い茶色で、黒い斑点がみられる個体がいる。尾が平たく側扁し、上下に黄条が強く出る。繁殖期は1月下旬～4月上旬で、湿地や放棄田、浅い池や溝等に産卵する。卵のうはコイル状。カスミサンショウウオとされていたが2019年に新種記載された。和名は分布の中心である山口県から名付けられた。種小名*bakan*は下関の古称である馬関（ばかん）に由来する。秋吉台周辺のカルスト台地や大分県の一部にも飛び地分布していることから、古い地史を想像させる貴重な種である。環境省RL2020では絶滅危惧Ⅱ類に指定されている。

1朽木の中から顔を出す　2オス　3産卵がおわったメス：大分県大分市 3月

## ◆オオイタサンショウウオ

生体・識別➡29頁　卵・幼生➡75頁

日本固有種。大分県、熊本県、宮崎県に分布する。丘陵地や低山地の竹林や水田付近でみられる。比較的大型な種で、四肢が長い。背面の体色は緑褐色または黄褐色であり、暗色の斑点が入る個体もいる。繁殖期は12月下旬〜3月下旬で、池、沼等の止水域で行われる。卵のうは大きくゆるく巻くコイル型で、緑色の藻類が付着していることもある。産卵数は85〜140卵。孵化した幼生はバランサーを持つ。6月から変態、上陸する。主にミミズや昆虫、クモ等を食べる。九州産は遺伝的に南北の2群にわかれる。環境省RL2020では絶滅危惧Ⅱ類、また「佐伯市城山のオオイタサンショウウオ」は大分県の天然記念物に、「霊山寺のオオイタサンショウウオ及び生息地」は大分市指定の天然記念物に指定。

1成体オス：山口県山口市 3月 2横顔 3成体メス：島根県鹿足郡 3月

## ◆アブサンショウウオ

生体・識別➡29頁 卵・幼生➡75頁

日本固有種。山口県と島根県の狭い地域に分布する。放棄田、湿地、池、溝等の周辺でみられる。体色は黒っぽく、大きな体で頭部が大きい。肢が長く前後肢が重なる。尾は側扁せず、上下に黄条はない。繁殖期は2月～3月で、湿地や放棄田の溝等に産卵する。卵のうはコイル状で、表面に細かな強い条線が入る。標高の高い場所では越冬幼生もみられる。低地にある民家の庭先から標高970 mの山地にもみられる。カスミサンショウウオとされていたが2019年に新種記載された。遺伝的にはトサシミズサンショウウオに近い。種小名、和名とも分布域の山口県北部の阿武地方に由来する。環境省RL2020では絶滅危惧Ⅱ類に指定されている。

1正面　2オス　3メス：高知県土佐清水市

## ◆トサシミズサンショウウオ

生体・識別➡30頁　卵・幼生➡76頁

日本固有種。高知県土佐清水市のごく限られた場所に分布する。主に湿地帯にある池やその周辺でみられる。日中は倒木や石の下に隠れている。体色は暗緑色で、明確な黒斑はない。繁殖期は1月～4月で、池に沈む枝等にコイル状の卵塊を産卵する。幼生には爪がないが、尾の側面には黒斑がある。これまで、四国産オオイタサンショウウオとされていたが、オオイタサンショウウオとは、背中に黒斑がなく腹側に白斑がある等形態的に異なるほか、遺伝的にも別種であることがわかり、2018年に新種記載された。現状として、生息地内の7つの池のみで確認されており、分布が非常に狭い。環境省RL2020では絶滅危惧ＩＡ類、また環境省の種の保存法の国内希少野生動植物種、高知県土佐清水市の天然記念物に指定。

1成体オス 2成体メス 3正面：島根県浜田市 3月

## ◆イワミサンショウウオ

生体・識別➡30頁 卵・幼生➡76頁

日本固有種。島根県石見地方～広島県の芸北地方にかけて主に分布する。標高38～100mにある放棄田や湿地、池、ゆるやかな小川周辺、道路脇の湧水の溝等でみられる。体色は黄土色で、尾は平たく側扁し、上下に黄条が強く出る。サンインサンショウウオに似るが、後肢趾は4本の個体が多い。繁殖期は1月～3月で、放棄田や湿地、道路脇の湧水のある溝等で産卵する。卵のうはコイル状。カスミサンショウウオとされていたが2019年に新種記載された。この地域に固有の淡水魚イシドンコ *Odontobutis obscura* の分布とよく似ており淡水生物の成り立ちを考える上では興味深い。種小名、和名ともタイプ産地の島根県北部の旧名である石見地方に由来する。環境省RL2020では絶滅危惧ⅠB類に指定されている。

1成体オス　2成体　3正面：広島県三次市 3月

# ◆アキサンショウウオ

生体・識別➡30頁　卵・幼生➡76頁

日本固有種。中国地方中南部と四国北西部に分布する。標高18～565mにある湿地、ゆっくりと流れる小川周辺でみられる。体色は黒っぽく、やや小型で四肢が短い。尾は平たく側扁し、上下に黄条はないのがふつう。後肢趾は4本の個体がみられることがある。繁殖期は1月下旬～4月下旬。卵のうはコイル状で卵数が少ない。幼生の胴から尾にかけて黒斑がみられる。幼生は秋までに変態上陸する。カスミサンショウウオとされていたが2019年に新種記載された。遺伝的にはヒバサンショウウオに近い。かつては移行型と呼ばれた型が報告されていたが、この種に含まれる。地域変異が多くみられる。和名、種小名とも産地である広島県西部の旧名の安芸地方に由来する。環境省RL2020では絶滅危惧ⅠB類に指定されている。

1卵のうのまわりにいるオス成体　2成体　3正面：島根県仁多郡 6月

## ◆ヒバサンショウウオ

生体・識別➡31頁　卵・幼生➡77頁

日本固有種。中国地方の背骨をなす山岳地帯に分布する。主に湿地や溝、渓流や池の周辺にすむ。体色は黒っぽい暗紫色で側面と腹面に青白色の地衣状斑がみられる。尾は側扁せず、上下に黄条はなく、丸みを帯びた棒状。後肢趾は4本の個体がみられることがある。繁殖期は3月下旬～5月下旬。卵のうはコイル状で卵数が少ない。幼生は秋までに変態上陸するが、越冬する個体もみられる。カスミサンショウウオとされていたが2019年に新種記載された。系統的にはハクバサンショウウオに近い。かつては高地型と報告されていた。和名はタイプ産地である広島県北東部の比婆山に由来し、種小名は、広島県の両生類研究家・宇都宮泰明・妙子夫妻に献名されたもの。環境省RL2020では絶滅危惧Ⅱ類に指定されている。

1成体：富山県新川郡 4月　2メス：長野県北安曇郡 5月

## ◆ハクバサンショウウオ

生体・識別➡31頁　卵・幼生➡77頁

日本固有種。新潟県、長野県、富山県、岐阜県の一部に分布する。自然林や二次林にある湿地付近でみられる。背面の体色は暗褐色で銀白色の大理石模様が入る。腹面には淡褐色で銀白色で斑点がある。繁殖期は4月中旬～5月上旬で、細流の淀んだ場所や湧水のある湿地等の止水域で産卵する。卵のうはバナナ状をしており、落ち葉や枯れ枝に産み付けられる。産卵数は30～75卵。卵のうの表面には条線がない。9月から変態、上陸する。主にミミズ等を食べる。富山県、岐阜県の個体群は別種ヤマサンショウウオとされていたが、長野県産との遺伝的差異は極めて小さい。環境省RL2020では絶滅危惧ＩＢ類、また長野県白馬村の天然記念物、岐阜県の指定希少野生生物に指定されている。

1水たまりで餌を探す：滋賀県大津市 5月 2横顔：滋賀県高島市 6月

## ◆アカハライモリ

生体・識別➡32頁
卵・幼生➡78頁

日本固有種。本州、四国、九州に分布する。佐渡島、隠岐、壱岐、五島列島等にもみられる。伊豆諸島の八丈島に移入されている。低地から山地の水田、池、湿地、川岸の水たまり等でみられる。単に「イモリ」や「ニホンイモリ」と呼ばれることがある。アジア産のイモリ科の中では最北に分布する種。体色は黒褐色で、腹面は赤色に黒色の斑紋があるが

3尾を振りメスを誘う　4産卵中　5ケラを食べる　6特徴的な赤いお腹：滋賀県大津市 5月



個体変異は大きい。腹面の模様は地域によって、大まかには区別ができる。オスは尾が短く先端が細くなる。婚姻色は青白く、総排出腔部分が肥大する。メスは尾が長く先端まで同じ太さが続く。求愛行動は、オスがメスの前で尾を曲げて小刻みに振るというもので、メスに気に入られるとオスは精子の入った袋をメスの前に落とし、メスがこれを総排出腔から取り込み体内に維持する。受精は産卵時に行われる。繁殖期は４月～７月で、卵を１粒ずつ水草等に、後肢を使い折りたたむように包み込む。産卵数は一度に40個までで、長期間にわけて100 ～ 400個を産む。幼生の初期にはバランサーと呼ばれる平行稈がある。孵化後３～４カ月で変態、上陸をする。雑食性で様々なものを食べる。フグ毒と同じテトロドトキシンという強い神経毒を持つ。各地で遺伝的な分化が進んでおり、特に関東・東北地方産はほかと大きく異なる。環境省RL2020では準絶滅危惧に指定。

1成体と幼生　2産卵中：鹿児島県 奄美大島 5月

## ◆アマミシリケンイモリ

生体・識別➡34頁　卵・幼生➡79頁

奄美諸島に分布する日本固有亜種。平地から山地の湿潤な林床や湿地、池等でみられる。雨の日や非繁殖期は陸上でみかけることが多い。背面は黒褐色で、オキナワシリケンイモリ（163頁）のように地衣状斑紋が入らない個体が多いが、オレンジ色のラインが入る個体はみられる。腹面や四肢裏は朱色から橙色をしている。繁殖期は11月～6月で池や湿地等で行われる。水中の草や落ち葉、水際の苔等に一粒ずつ産卵する。昆虫やミミズ、両生類の卵を主に食べる。尾が近似種のアカハライモリより細長く、剣のようにとがっており、名前の由来にもなっている。奄美諸島と沖縄群島の個体群では遺伝的に分化しておりそれぞれ別亜種とされた。環境省RL2020ではシリケンイモリとして準絶滅危惧に指定されている。

1背中にきれいな斑がある 2イボイモリの卵を捕食する 3陸上を徘徊する 4求愛：沖縄県 沖縄島 5月



## ◆オキナワシリケンイモリ

生体・識別➡34頁

沖縄群島に分布する日本固有亜種。平地から山地の湿潤な林床や湿地、池等でみられる。雨の日や非繁殖期は陸上でみかけることが多い。背面は黒褐色で、銀色や黄土色の地衣状斑紋やオレンジ色の縦条がみられることがある。腹面や四肢裏は朱色から橙色をしている。色彩や模様の個体差は非常に大きい。繁殖期は11月～6月で池や湿地等で行われる。オスは水中でメスを待ち、メスがくると目の前で尾を振る。その後精子の入った袋をメスに渡す。水中の草や落ち葉、水際の苔等に一粒ずつ産卵する。幼生は3～4カ月で変態・上陸する。奄美諸島と沖縄群島の個体群では遺伝的に分化しておりそれぞれ別亜種とされた。環境省RL2020ではシリケンイモリとして準絶滅危惧に指定されている。

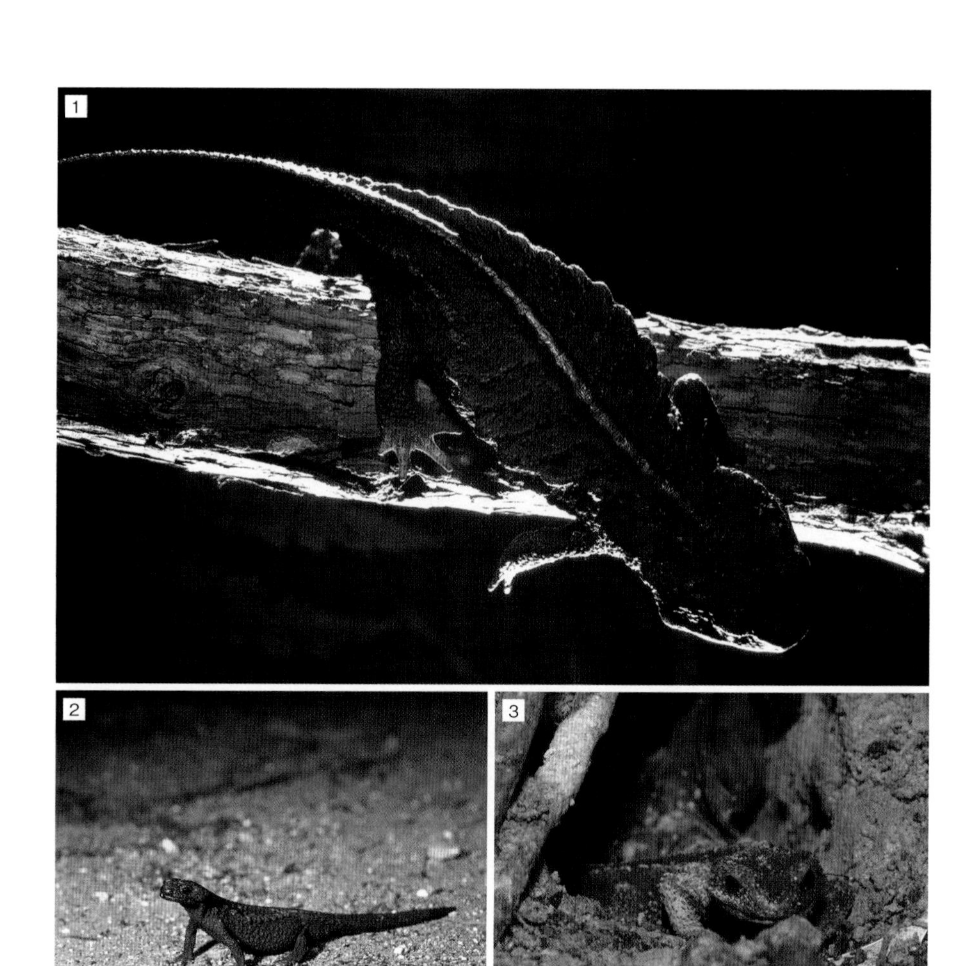

1背中には肋骨が隆起する　2林道に現れた　3隠れ家から出てくる：沖縄県 沖縄島 3月

## ◆イボイモリ

生体・識別➡34頁　卵・幼生➡79頁

日本固有種。鹿児島県の奄美大島と請島、徳之島、沖縄県の沖縄島、瀬底島、渡嘉敷島に分布する。自然林が残る湿潤な林床や池沼、耕作地周辺にすむ。背面の体色は黒褐色で四肢の下面、尾の下面等は橙色である。大きな肋骨があり先端が外側に張り出している。繁殖期は1月〜4月で水辺近くの苔むした岩の表面や落ち葉の下等に1粒ずつばらばらに50〜100卵を産む。孵化した幼生は這ったり、飛び跳ねたり、雨水に流されたりして水場に到着し、そこで成長する。変態後は主にミミズや陸貝、クモ、昆虫類を食べる。奄美諸島と沖縄群島の個体群の間では遺伝的に大きな分化がみられる。環境省RL2020では絶滅危惧Ⅱ類、また環境省の種の保存法の国内希少野生動植物種、沖縄県と鹿児島県の天然記念物に指定されている。

1横顔　2肋骨が外側に張り出す　3オス　4正面顔　5メス：鹿児島県 奄美大島 5月

1オス 2メス：飼育個体 3月

## ◆アフリカツメガエル

生体・識別➡35頁 卵・幼生➡80頁

原産地はアフリカ中部から南部にかけて。日本には1954年に神奈川県・江の島水族館に輸入されたのが最初の記録とされる。古くからペットや実験動物として国内で流通しており、最近になり野外での目撃例や定着が報告され始めた。これまでに千葉県、神奈川県、静岡県、和歌山県、兵庫県、岡山県、鹿児島県等で野外報告がある。池や水路等の止水やゆるい流れでみられ、水中から出ることはない。背中の体色は暗灰色から緑褐色で、腹面

3正面　4腹面　5色彩変異：飼育個体 3月

は淡色である。扁平な体型で、目にはまぶたがなく上を向いている。後肢の水かきが発達し、3本の指には爪がある。舌を欠くため、水生生物を前肢を使い、かきこむように食べる。原産地での繁殖期は、早春から晩夏にかけてで、池、ダム、水たまり等に産卵する。幼生は1対のヒゲと鰓穴を持つ。幼生の身体は透明で中層を泳ぎ、水中の植物プランクトンを、頭を少し斜めにして静止しながら吸い取るようにして食べる。成体には低温耐性があるため、凍結しなければ国内では越冬することが可能。高確率でカエルツボカビが検出されている。このカエル自体は発病せず移動により病気が蔓延する可能性がある。

1秋の雑木林に現れる：滋賀県大津市 10月　2オス　3メス：滋賀県高島市 3月

## ◆アズマヒキガエル

生体・識別➡36頁　卵・幼生➡80頁

日本固有亜種。近畿から東の本州東北部、北海道南部に分布する。伊豆大島、北海道西部には人為移入されている。低地から山地の海岸付近から高山まで様々な環境でみられる。都市にある公園や人家の庭等にもすむ。「がま」「がまがえる」「ヒキガエル」等と呼ばれる大型のカエル。体形はずんぐりしており、太短い四肢に大きな頭を持つ。皮膚はごつごつしていて全身にイボ状隆起を持つ。眼の後方に大きな耳腺を持ち、ここから白い毒液を出す。ほとんどジャンプはしないため、逃げられないとあきらめると、おじぎするように頭を下げ、体を膨らませ毒をアピールする仕草をとる。体色は茶褐色、黄土色、赤褐色をしており、側面に茶褐色や黒っぽい帯状の斑紋が入る個体が多いが、斑紋がみられな

4蛙合戦　5抱接　6産卵の瞬間：滋賀県高島市 3月

い個体や赤い個体がいる。繁殖期になるとオスは黄褐色でつるつるの皮膚に変わる。繁殖期は2月～7月で水たまり、溝、湿地、池、水田等にひも状の卵塊を産卵する。産卵数は1,500 ～ 1,900卵。限られた産卵場にやってくる数少ないメスを求めて、オスはメスの奪い合いをする。この様子を「蛙合戦」と呼んでいる。オスは鳴のうを持たないがクックックッ…と鳴く。とても小さな幼生の体色はは真っ黒である。群れをなして泳ぎ、集団で生活することにより温度を高めると考えられている。6月より変態、上陸を開始する。主にミミズや昆虫を食べる。ニホンヒキガエルに似ており、外見では、鼓膜が大きい程度の形態差がみられるのみで、分布が接する地域では区別することが難しい。形態の変異が著しく、東北地方の山岳地帯にすむ小型で鼓膜が大きな個体群がヤマヒキガエル、北海道の函館周辺にすむ個体群がエゾヒキガエルと呼ばれたことがあり、遺伝的にも均一でない。

1日中に蛙合戦がみられた：愛媛県西条市 5月 2成体 3正面：鹿児島県 屋久島 2月

## ◆ニホンヒキガエル

生体・識別➡36頁 卵・幼生➡81頁

日本固有亜種。近畿より西の本州西南部、四国、九州、壱岐、五島列島、屋久島、種子島に分布する。低地から山地の民家周辺から森林にみられる。体色は茶褐色、黄土色、赤褐色等が多くみられるが模様や斑点は様々。全身にイボがあり、眼の後ろに大きな耳腺がある等体形の特徴はアズマヒキガエルと同様である。繁殖期は９月～５月で、水たまりや池、水田等にひも状の卵のうを産む。オスは鳴のうを持たないがクックックッ…と鳴く。主にミミズや昆虫を食べる。アズマヒキガエルより鼓膜が小さい程度でしか区別できないが遺伝的には分化している。四国の太平洋側の個体群がスミスヒキガエル、屋久島の個体群がヤクシマヒキガエルとして区別されたことがあり、遺伝的にも分化している。

1渓流に現れる　2産卵中　3正面：滋賀県高島市 5月

## ◆ナガレヒキガエル

生体・識別➡37頁　卵・幼生➡81頁

日本固有種。本州中央部の中部地方西部と近畿地方の一部山地に分布する。森林の渓流周辺にみられる。体色は緑褐色、灰褐色等で赤い斑紋が多くみられることがある。四肢はほかのヒキガエル類に比べると長く水かきも大きい。耳腺はそれほど大きくない。鼓膜は不明瞭で皮膚の下に隠れていることが多い。繁殖期は４月～５月で、谷川のよどみや淵にひも状の卵のうを水流に流されないように岩や流木に巻き付けるように産む。オスは鳴のうを持たないが、水中でクックックッ…と鳴く。メスはオスよりも大きい。幼生の口器は非常に大きく、水中の岩石に吸着し、表面の藻類をはぎ取って食べる。成体は、主にミミズ、昆虫、サワガニを食べる。和名も学名も「流れにすむヒキガエル」という意味である。

1成体　2オレンジ色が強い個体　3抱接：沖縄県 宮古島 10月



## ◆ミヤコヒキガエル

生体・識別➡37頁　卵・幼生➡81頁

日本固有亜種。沖縄県の宮古島と伊良部島に分布する。大東諸島の南・北大東島に移入されている。沖縄島にも移入されたが近年みられない。平地や低地のサトウキビ畑や草地にすむ。夜間は街頭周辺や路上に多い。体色は黄褐色から茶褐色、オレンジ色等、個体差が多くみられる。日本にすむ同属他種に比べると耳腺が短く、後肢の水かきが発達している。繁殖期は9月～3月で池や水路、湿地等の止水域に長いひも状の卵塊を産む。オスはメスを呼ぶためにクックックッ…と鳴く。陸貝、昆虫、ミミズ、ナメクジ等を食べる。南西諸島に自然分布する唯一のヒキガエルで、中国産のアジアヒキガエルに近い。環境省RL2020では準絶滅危惧、また宮古島市の自然環境保全条例の保全種に指定。

1大型個体　2正面　3鳴く　4抱接：沖縄県 石垣島 7月



## ◆オオヒキガエル

生体・識別➡37頁　卵・幼生➡81頁

原産地は北米南部から南米北部にかけての地域。国内では小笠原諸島、沖縄島の南・北大東島に導入され、石垣島等に侵入した。海岸沿いから山地の渓流域まで幅広くみられる。体色は黄褐色から茶褐色。背面はイボに覆われ、耳の後ろに大きなひし形の耳腺があり、強い毒を出す。繁殖は12月～1月が最盛期だが1年中産卵すると考えられている。池や湿地、田んぼ等の止水域にひも状の卵塊を産む。オスはのど元の鳴のうを膨らませてボボボボボ…と鳴く。サトウキビの害虫駆除のために世界各地に持ち込まれた。学名は「海のヒキガエル」を意味し、塩分耐性があり海辺にもすむことから名付けられた。沖縄県の西表島でも発見され在来種への影響が懸念されている。環境省の特定外来生物に指定。

1タンポポによじ登る　2鳴く　3抱接　4産卵中：滋賀県大津市 4月

## ◆ニホンアマガエル

生体・識別➡38頁　卵・幼生➡82頁

屋久島以北の日本各地に分布する。国外では朝鮮半島でみられる。海岸付近から公園、高山近くまで様々な場所に生息する。体色は緑色や灰褐色で、背面には黒っぽい斑紋がある。周囲の環境に合わせて体色を変化させることが得意。時折、色素が欠乏した青色（黄色色素欠乏）や金色（黒色色素欠乏）の個体がみられ話題になる。指先には発達した吸盤があり、木や葉っぱ、街灯やガラス面、自動販売機等を巧みに利用し、索餌、休息、移動等を行う。繁殖期は３月～９月で、水田や湿地等に小塊の卵を数回にわけ、水面にお尻を突き出すような形で産卵する。産み出された卵は風に乗り、稲等に付着して発生が進む。1シーズンの産卵数は250～800卵。オスはのど元にある鳴のうを大きく膨らませて、

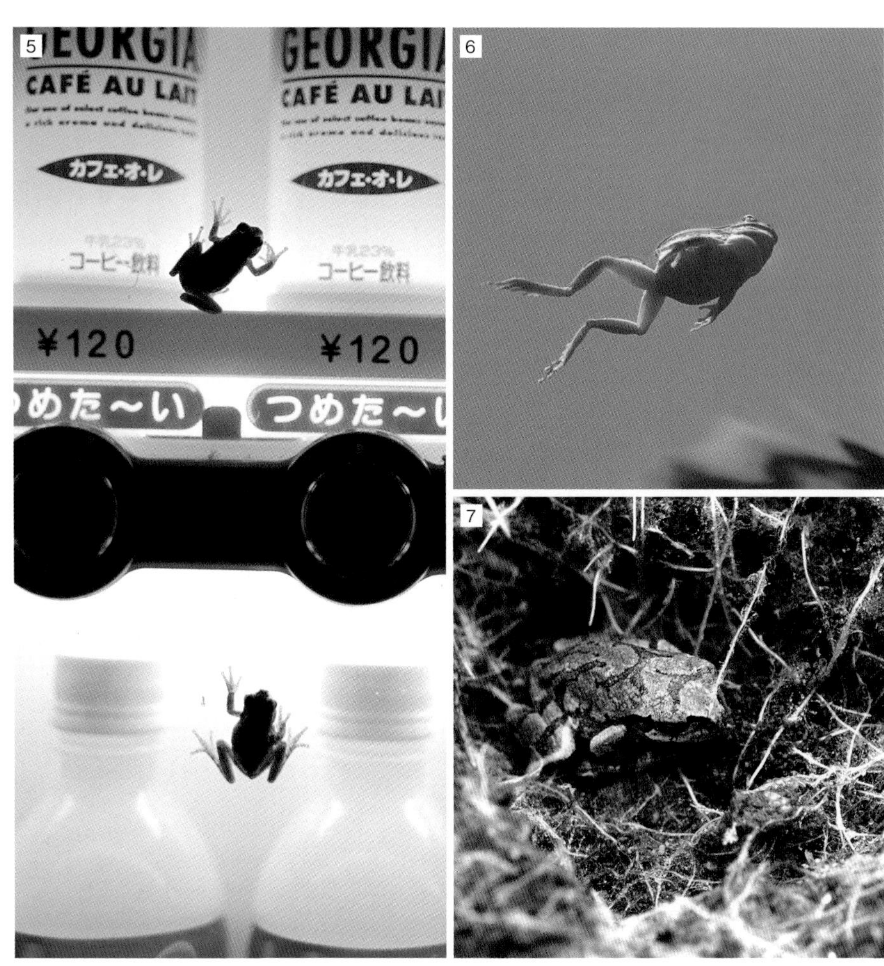


5餌を探して自動販売機に集まる　6泳ぐ：滋賀県大津市 7月　7冬眠：滋賀県大津市 2月

クワッ、クワッ、クワッ…と鳴く。繁殖期以外にも低気圧が近づき、雨の降りそうな暖かい日や降り始めには「雨鳴き」や「レインコール」と呼ばれる鳴き声で鳴く。この鳴き声はメスを呼ぶ「メイティングコール」と区別される。幼生は、左右の眼が大きく離れ側面に飛び出ており、尾びれの丈が高く、胴の前寄りから始まるという特徴的な姿をしている。6月頃より変態、上陸した個体は、水田近くの草むらで暮らし、日中は集団で草むらの葉の上で日光浴する姿をみかけることもある。主に昆虫やクモを食べる。身近に生息していることから、手で触れる機会が多いカエルだが、皮膚から出る粘液には毒があるため、触った後は手を洗うことを心がけよう。土の中の浅い場所や朽木下等で冬眠する。同所的にすむシュレーゲルアオガエルやモリアオガエルに似るが、鼻から鼓膜にかけて黒い筋模様が入ることで区別ができる。

8タンポポにつかまる：滋賀県大津市 5月　9冬眠から目覚める：滋賀県大津市 4月

10葉の上を移動する：滋賀県大津市 10月　11コスモスを登る：滋賀県大津市 9月　12昆虫を捕食する：滋賀県大津市 7月

1鳴く　2抱接　3高い枝の上で鳴く：鹿児島県 徳之島 5月

## ◆ハロウエルアマガエル

生体・識別➡38頁　卵・幼生➡86頁

日本固有種。鹿児島県の奄美諸島と沖縄県の沖縄島に分布する。平地に多く、民家近くから水田や池、草地等でみられる。背面の体色は深緑色や黄緑色であるが斑紋はない。四肢が長くニホンアマガエルよりずっとスマートな体形である。葉の上や樹上にいることが多くみつけにくい。繁殖期は３月～５月で、水田や湿地に少塊の卵を数回にわけ産む。オスはのど元にある鳴のうを膨らませてギーギーと鳴く。名前はトノサマガエル等の命名者である両生類・爬虫類の研究者Hallowell氏に献名されたもの。奄美大島と喜界島の個体では形態的に差があるとして別亜種にわけられたことがあるが、遺伝的にはほとんど違わない。西表島では２個体の記録があるが、その後全くみつかっていない。

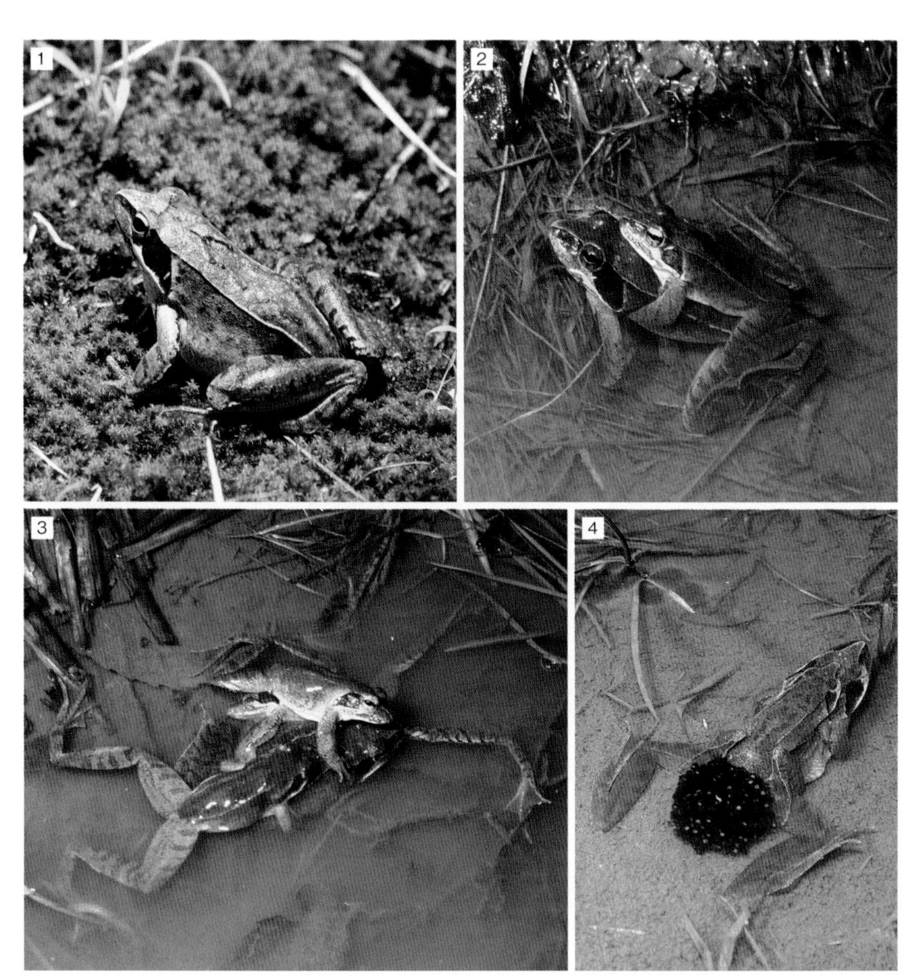

1成体　2抱接　3蛙合戦　4産卵中：滋賀県大津市 2月



## ◆ニホンアカガエル

生体・識別➡39頁　卵・幼生➡86頁

日本固有種。本州、四国、九州、隠岐、大隅諸島等に分布する。八丈島等に移入されている。平地から丘陵地の水田や湿地にみられる。体色は黒褐色から赤茶色で、吻端は尖る。背面に黒い斑紋が出ることがあるが腹面には模様がない。目から体側に伸びる背側線はほぼ直線的でヤマアカガエルと区別ができる。繁殖は12月～4月の冬期から早春にかけて行われる。水田や湿地に、ややつぶれた球形の卵塊を産む。産卵後の成体は再び休眠する。オスは鳴のうを持たないが、キョッキョッキョッ…と鳴く。幼生は背中に1対の黒班がある。5月から変態、上陸する。主にクモや昆虫を食べる。形態的にはそれほど変異はないが、遺伝的には東北地方と本州西南部で分化が進んでいる。

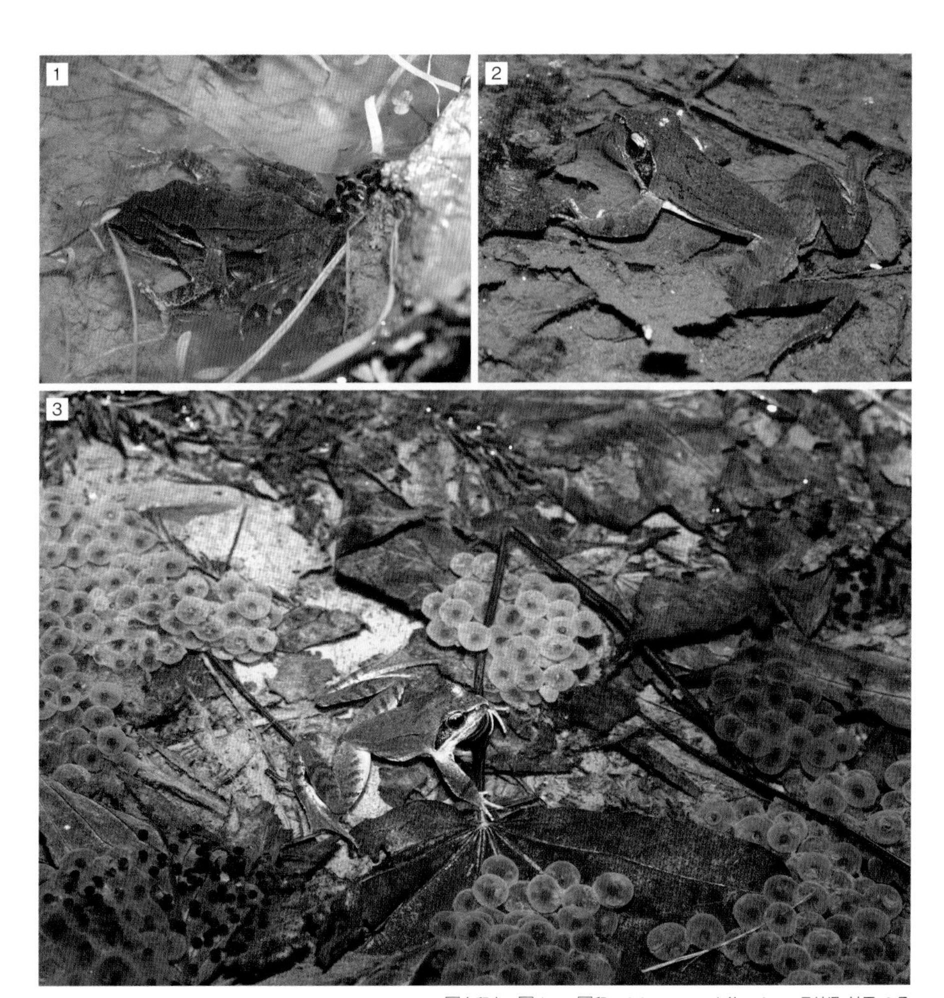

1産卵中 2オス 3卵のまわりでメスを待つオス：長崎県 対馬 3月

## ◆ツシマアカガエル

生体・識別➡39頁 卵・幼生➡87頁

日本固有種。長崎県の対馬のみに分布する。平地から丘陵地の水田や草地周辺にみられる。背面の体色は黒褐色や赤茶色、黄土色である。腹面にはまだら模様がみられることがある。背面に小さい顆粒が出ることが多く、胴部の後方では密になっている。吻端はやや丸みを帯びている。眼から後ろに伸びる背側線は、鼓膜の後ろで緩く折れ曲がっている。チョウセンヤマアカガエルに似るが、小型で鼓膜が眼の半分程度であり、オスは鳴のうを持たないこと等から区別がつく。繁殖期は1月～5月で、水田や浅い池、河岸の水たまり等の止水域に、ややつぶれた球状の卵塊を産む。オスはメスを呼ぶためにキュキュキュ…と小鳥のように鳴く。環境省RL2020では準絶滅危惧に指定されている。

1正面　2メス　3オス：鹿児島県 奄美大島 3月



## ◆アマミアカガエル

生体・識別➡39頁　卵・幼生➡87頁

日本固有種。奄美大島と徳之島に分布する。平地や山地の森林内にある沢沿いや林道等湿潤な林床で多くみられる。リュウキュウアカガエルと同種だと考えられていたが、遺伝的に大きく異なる。形態はよく似ているが、眼が大きく四肢が長く、後肢の水かきが発達しており、背側線の隆起が明瞭である。背面は淡褐色だが黄土色や赤味を帯びている個体もみられる。腹面は淡色。上唇に白い条線が入る。吻端は尖り、背面には顆粒がある。繁殖期は11月下旬から1月に集中する。源流部の緩やかな流れ、淀みや水たまり等に産卵する。卵は小さな塊で生み出される。オスは、キュッ、キュッ、キュッ…と鳴く。幼生は4月頃までに変態し、上陸を開始する。環境省RL2020では準絶滅危惧に指定。

1林道に現れた成体 2成体 3正面：沖縄県 沖縄島 10月

## ◆リュウキュウアカガエル

生体・識別➡39頁 卵・幼生➡87頁

日本固有種。沖縄県の沖縄島北部と久米島のみに分布する。自然林の残る山地にみられる。背面の体色は赤褐色や黄土色で、スマートな体つきである。鼻先は尖っており、上唇に白い条線が入る。腹面は白く淡褐色の模様がある。繁殖期は主に12月であり、源流部の緩やかな流れ、湿地、林道にできた水たまり等に、小塊やばらばらになった卵を産む。オスは鳴のうを持たないが、メスを呼ぶために、キュッキュッキュッ…と鳴く。繁殖に集まる集団を狙い、産卵場所にはヒメハブが捕食にやってくる。沖縄島と久米島の個体群は遺伝的に分化している。種小名は*ulma*と言い「サンゴの島」を意味する沖縄方言に由来している。環境省RL2020では準絶滅危惧に指定されている。

1メス　2オス：滋賀県高島市 3月

## ◆ タゴガエル

生体・識別➡40頁　卵・幼生➡88頁

日本固有亜種。本州、四国、九州に分布する。低山から高地にみられる。山地の林床で跳ねるカエルは大抵が本種である。背面の体色は黒褐色から茶褐色で、暗色の斑紋を持つことが多い。上あごの横と下あごの下に暗色斑紋を持つ。眼から後ろに伸びる背側線は、鼓膜を越えた辺りで折れ曲がる。四肢は太短く、よく似たニホンアカガエルに比べるとずんぐりしている。繁殖期は３月～６月だが、同一地域で産卵期が異なる２つの集団が知られている。渓流の岩の隙間や湿地の地下を流れる伏流水中に、大きく白い卵を少量産む。オスは岩や苔下等人目につかない場所で、グッグッグッ…と鳴く。主に昆虫やクモを食べる。日本各地で遺伝的分化がかなり進んでおり、複数の独立種を含むと考えられる。

1オス 2背中の模様 3正面：島根県 隠岐島 3月

## ◆オキタゴガエル

生体・識別➡40頁 卵・幼生➡88頁

日本固有亜種。島根県の隠岐島の島後と西ノ島のみに分布する。丘陵地から山地にかけての森林内にある渓流付近でみられる。雨の日は林道でよく観察される。背面の体色は黒褐色から赤茶色であり、模様が現れることもある。あごの下に薄い暗色の斑紋が出る。タゴガエルに比べると、四肢は細長く、鼻先も丸く、体もスマートである。背面はなめらかであるが、小さな顆粒が多くみられる。背側線は鼓膜の後ろで折れ曲がる。繁殖期は2月～3月であり、渓流沿いの伏流水の出る岩穴で産卵する。オスはあごの後ろにある1対の鳴のうを膨らませて、グクッ、グクッ、グクッと鳴いて、メスを呼ぶ。主に昆虫やクモを食べる。環境省RL2020では準絶滅危惧に指定されている。

1林道に現れた　2成体：鹿児島県 屋久島 3月



## ◆ヤクシマタゴガエル

生体・識別➡40頁

日本固有亜種。鹿児島県の屋久島のみに分布する。山地の森林や渓流付近、高層湿原等でみられる。背面の体色は黒褐色や赤茶色で、模様が出る個体もいる。あごの下に薄い斑紋が出る。体はずんぐりしており、頭が大きく体が太く、四肢は太短い。背面はなめらかだが、小さな顆粒が多くみられる。背側線は鼓膜の後ろで折れ曲がる。タゴガエルに比べるとあごや四肢の裏面に暗色斑紋が多くみられ、水かきがより強く発達するが区別は難しい。繁殖期は10月～4月で、渓流沿いの湿地や高層湿原の岩穴やミズゴケの下を流れる伏流水中に球形の卵塊を産む。オスはメスを呼ぶためにグウッグウッググググ…と鳴く。主にクモや昆虫を食べる。環境省RL2020では準絶滅危惧に指定されている。

1オス　2・3たるんだ皮膚が元に戻る：東京都西多摩郡 3月

## ◆ナガレタゴガエル

生体・識別➡40頁　卵・幼生➡89頁

日本固有種。関東地方から山陰地方に分布する。山間部の森林周辺でみられる。背面は暗褐色や赤褐色で、腹面には雲状斑紋が出ることが多い。タゴガエルに似るが後肢の水かきが非常によく発達している。鼓膜は不明瞭なことが多い。繁殖期は２月〜４月で、谷川の淀んだ場所や淵に白い卵塊を産む。秋頃から水中の岩下で越冬し、脇腹の皮膚はたるむ。これは表面積を多くして、水中で長く留まるための呼吸を補助する役目がある。オスは水中でグググ…と鳴く。繁殖期のオスは目の前にやってくるものに手当たり次第抱きつくため、川魚や産卵後のメスが絞殺されている姿をみかけることがある。近畿地方産と関東地方産では遺伝・形態に差がある。愛知県、岡山県の指定希少野生動植物種に指定。

1正面　2メス　3オス：長野県下伊那郡 5月



## ◆ネバタゴガエル

生体・識別➡41頁　卵・幼生➡89頁

日本固有種。長野県南部にある茶臼山を中心に半径40㎞ほどの長野県、愛知県、静岡県、三重県の一部に分布する。長野県下伊那郡根羽村を基準産地に2014年に記載された種類で、和名や学名は発見場所の根羽村に由来する。背面の体色は赤褐色や茶褐色、黄土色である。タゴガエルとの外見での区別は難しい。染色体の数が2n＝28でタゴガエルの2n＝26より多く、鳴き声が特異であり、鳴き始めは「キュン」と犬の鳴き声に例えられる。タゴガエルの雑種らしい2n＝27の個体もみつかっている。繁殖期は4月頃からで、小さな沢の岩下や地中に大きな卵を少量産む。オスは下あごの根元にある1対の鳴のうを膨らませて、キュン、グルッククク…と鳴く。長野県根羽村の天然記念物に指定されている。

1成体 2背中にヒルがつく 3抱接 4蛙合戦：北海道釧路市 5月

## ◆エゾアカガエル

生体・識別➡41頁 卵・幼生➡90頁

北海道とその属島に分布する。国外ではサハリンにみられる。平地から山地の池や湿地、森林でみられる。背面の体色は黒褐色や赤褐色、黄土色で、黒斑やまだら模様が出る個体が多い。腹面は白っぽい。頭でっかちで体はがっちりしている。四肢は短くぽっちゃりしており、ジャンプ力もそれほどない。吻端が丸い。繁殖期は3月～7月で湿地や池等につぶれた球形の卵塊を産む。海岸沿いから標高2,000 mの高地まで幅広く分布し、気候に差があるため繁殖期にも差がある。オスは下あごの根元にある鳴のうを膨らませてクーワ、クーワ…と鳴く。主に昆虫やクモを食べる。種小名*pirica*はアイヌ語の「美しい」に由来している。サハリンの個体群は形態的に北海道産とやや異なる。

1着水の瞬間 2背中模様 3産卵：滋賀県高島市 3月

# ◆ヤマアカガエル

生体・識別➡41頁 卵・幼生➡91頁

日本固有種。本州、四国、九州、佐渡島に分布する。丘陵地から山地にかけての水田や湿地等でみられる。背面の体色は黒褐色や茶褐色で、背面やのど元に黒い斑紋が出ることが多い。このことは、学名の意味する「腹に模様を持つ」からもわかる。吻端の尖りは鈍く頭は大きい。眼から後ろに伸びる背側線は鼓膜を越えた辺りで折れ曲がる。繁殖期は1月～6月で、水田や湿地、池等につぶれた球形をした卵塊を産む。オスは下あごの根元にある1対の鳴のうを膨らませてキャララ、キャララ…と鳴く。産卵後の成体は再び休眠する。幼生はニホンアカガエルと異なり背中に1対の黒班がない。6月から変態、上陸する。主に昆虫やミミズ、ナメクジを食べる。同所的にすむニホンアカガエルに比べ山地に多い。

1林道に現れる　2河原に現れる：長崎県 対馬 5月



## ◆チョウセンヤマアカガエル

生体・識別➡41頁　卵・幼生➡91頁

長崎県の対馬に分布する。国外では朝鮮半島にみられる。平地から山地の沢沿いや水田周辺にすむ。背面の体色は褐色から赤褐色で腹面は白っぽい。鼓膜は大きい。目から後ろに伸びる背側線は鼓膜の後ろで折れ曲がる。吻端は丸みを帯びている。繁殖期は2月〜4月で水田や浅い池等の止水域につぶれた球形の卵塊を産む。オスは下あごの根元にある1対の鳴のうを膨らませてキャララ、キャララ…と鳴く。ツシマアカガエルより大型で、鼓膜が大きく、鳴のうを持つことや、より山地にすむことで区別される。元々はロシアの沿海州にすむ種と同種だと考えられていたが、対馬及び朝鮮半島の個体群は遺伝的に異なるため別種として記載された。環境省RL2020では準絶滅危惧に指定。

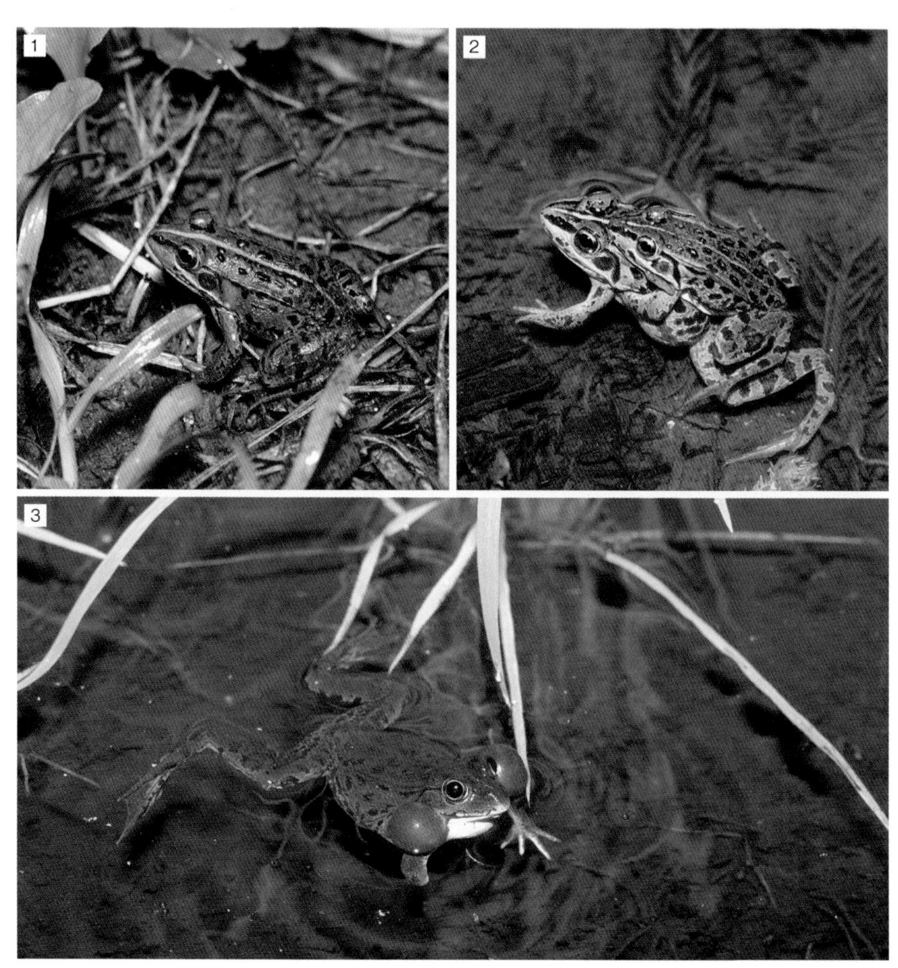

1成体　2抱接　3鳴く：栃木県大田原市 5月

## ◆ トウキョウダルマガエル

生体・識別➡42頁　卵・幼生➡94頁

日本固有亜種。関東平野から仙台平野にかけてと新潟県と長野県の一部に分布する。北海道の一部に移入されている。平地や丘陵地の水田や池沼、小川の付近にみられる。背面の体色は緑色や灰褐色、茶褐色のものが多く、黒斑が孤立した状態で散在し、背中線があることが多い。腹面には模様がない。背面は短い隆起を持つが、ほぼなめらか。トノサマガエルにみられる繁殖期における体色の雌雄差はみられない。トノサマガエルよりやや肢が短い。繁殖期は４月～７月で水田等に卵を小さな塊として産み出す。オスはメスを呼ぶためにあごの根元にある１対の鳴のうを膨らませてグゲゲ、グゲゲ…と鳴く。昆虫やクモを主に食べる。環境省RL2020では準絶滅危惧に指定されている。

1田植え中に現れた　2抱接：滋賀県大津市 4月　3色彩変異（アルビノ）：滋賀県大津市 8月

## ◆トノサマガエル

生体・識別➡42頁　卵・幼生➡92頁

本州（トウキョウダルマガエルがすむ関東地方から仙台平野には分布しない）、四国、九州に分布する。国外では朝鮮半島、中国にみられる。北海道や対馬に移入されている。平地から低山地の水田や池、河川等でみられる。繁殖期になると、雌雄で背面の体色に差がみられる。オスは緑色もしくは黄色で暗色の斑紋は薄いが、メスは一様な白地に暗色の連続した斑紋を持つ。通常時の体色は、緑色や茶褐色で背中に連続した黒い斑紋がある。大部分には真っ直ぐな背中線があるが、ギザギザに折れ曲がる個体や線を持たない個体もいる。背側線がはっきりとみられ、これと並行して小さな隆起が多くみられる。ジャンプ力に優れており、後肢の水かきが発達し、遊泳も得意である。

4鳴く　5産卵：滋賀県高島市 4月



繁殖期は4月～6月で、水田や河川の浅い水たまりに球を押しつぶしたような卵塊を産む。オスは鼓膜の下にある1対の鳴のうを膨らませグルルル、グルルル…と鳴く。昼夜とも鳴き交わす姿がみられ、水面に体を浮かせて鳴きながら移動し、ほかのオスをみつけると取っ組み合いの喧嘩をする。メスは抱接されるとそのままこっそり場所を移動し産卵する。幼生は背中線を持ち尾に網目状模様を持たない。最大7㎝ほどに成長し、7月になると変態、上陸を始める。幼体は背面にみられる黒斑が孤立していることが多いため、ナゴヤダルマガエルと混同されることがある。「高田型」と呼ばれる背中線がなく、暗色斑紋が孤立している遺伝型が新潟、長野、富山、石川、福井県に出現することが知られている。また、生息環境の変化に伴ってトウキョウダルマガエルやナゴヤダルマガエルとの自然下での交雑個体もみつかっている。環境省RL2020では準絶滅危惧に指定。

1鳴く　2抱接　3背中に特徴的な黒斑がある：滋賀県大津市 6月

## ◆ナゴヤダルマガエル

生体・識別➡42頁　卵・幼生➡94頁

日本固有亜種。本州の中部・南部、東海、北陸西部、近畿北部・中部、山陽東部、四国の一部に分布する。低地の湿地や水田付近でみられる。背中の体色は茶褐色が多く緑色や赤茶色を部分的に持つが、模様に個体差がある。孤立した大・小の黒斑を持つ。背側線がありその周辺に短い隆条を持つ。背中線を持つこともある。トノサマガエルと違い、腹に雲状斑紋を持つことがあり、後肢が短い。繁殖期は４月下旬〜７月中旬で、水田等浅い止水域に小塊卵を産む。オスはギー、ギー…と鳴く。主にクモや昆虫を食べる。東海・近畿地方の名古屋種族と瀬戸内海沿岸の岡山種族はやや分化している。環境省RL2020では絶滅危惧ＩＢ類に指定。また京都府・愛媛県・奈良県・広島県・滋賀県の条例指定種。

1メスがやってきた　2産卵：滋賀県大津市 5月　3 3尾並んで冬眠中：滋賀県大津市 2月



## ◆ ツチガエル

生体・識別➡43頁　卵・幼生➡95頁

日本固有種。本州、四国、九州、佐渡島、隠岐、壱岐、五島列島等に分布する。北海道や伊豆大島には移入されている。水田や湿地、河川、山間部の水辺でみられる。背中の体色は暗灰色から灰褐色であり、背中線を持つ個体もいる。背面は多数のイボに覆われており「イボガエル」とも呼ばれる。腹面も顆粒に覆われている。全体的にぬめりをそれほど感じない。繁殖期は5月～9月であり、水田や池等に小さな卵塊を数回にわけて産む。オスはのど元の鳴のうを膨らませて、ギュウ、ギュウ…と鳴く。幼生で越冬することが多い。クモ、昆虫を食べるが、特にアリを好んで食べる。掴むと嫌な臭いを出す。日本国内では遺伝的にかなりの分化がみられることが知られている。

1成体　2後肢内側が黄色　3正面：新潟県 佐渡島 4月

## ◆サドガエル

生体・識別➡43頁　卵・幼生➡95頁

日本固有種。新潟県佐渡島のみに分布する。佐渡島では唯一の脊椎動物の固有種。平野部の田んぼ周辺や小川等でみられる。背面の体色は灰褐色、茶褐色。腹側の上半部が白く斑紋等はみられないが、下半部は濃い黄色である。体はなめらかで、ツチガエルと違いイボが密になってボコボコはしない。繁殖期は5月〜7月で水田や湿地に小さな塊となった卵を少量ずつ産む。オスは鳴のうを持たないため、小さくささやくようにギュイーン、ギュイーン…と鳴く。幼生の大部分は越冬し、翌年上陸する。トキが本種を食べていることで話題になった。佐渡島北部・南部にはツチガエルもみられるが、サドガエルは中央部にみられ、分布は重複していない。環境省RL2020では絶滅危惧ⅠB類に指定されている。

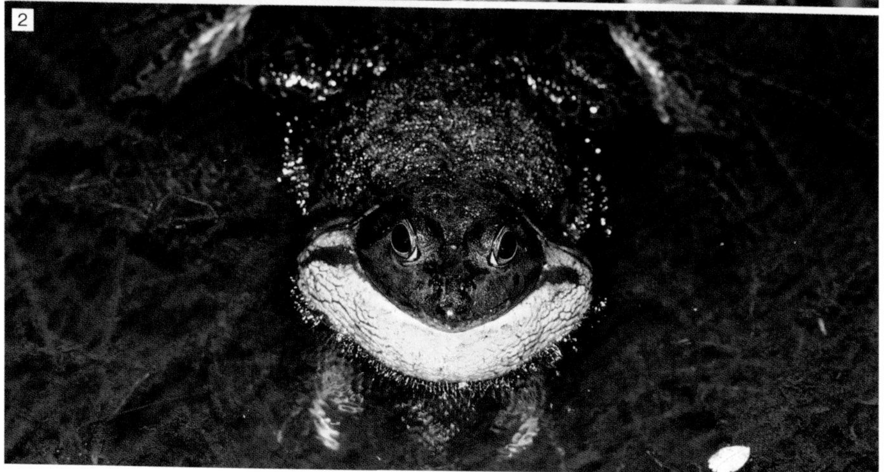

1アメリカザリガニを食べる　2鳴く：滋賀県大津市 7月

## ◆ウシガエル

生体・識別➡43頁　卵・幼生➡96頁

原産地は北米東部だが、世界各地に移入された。日本へは1918年に食肉用に移入され、水産試験場等で養殖され、冷凍肉が缶詰として輸出されていたが、養殖業が廃れると逃亡等により各地でみつかるようになった。食用ガエルと呼ばれる。平地の池や沼、湿地、水田等の水辺でみられる。背中の体色は暗褐色か緑色で褐色の斑紋がある。背面はサメ肌状である。繁殖期は5月～9月で、池や沼、大きな河川のよどみに、水面に浮くシート状に広がる卵を産む。幼生の大部分は越冬する。オスは鼓膜が大きく、メスを呼ぶためにのど元の鳴のうを膨らませてヴオー、ヴオー…と鳴き、騒音公害にもなっている。アメリカザリガニ、昆虫、ネズミも食べ、共食いもする。環境省の特定外来生物に指定されている。

1正面　2鳴く　3成体：鹿児島県 奄美大島 5月

## ◆アマミイシカワガエル

生体・識別➡44頁　卵・幼生➡96頁

日本固有種。鹿児島県の奄美大島に分布する。山地の自然林に囲まれた渓流の源流域付近にすむ。背中の体色は黄緑色で、赤褐色や黒い斑紋が散在する。側面は黄色味を帯び、腹面は白っぽく模様は少ない。背面はイボ状隆起に覆われている。繁殖期は1月下旬〜5月で、源流付近にある水の流れる岩穴に産卵する。卵はクリーム色で小塊となる。オスはメスを呼ぶためコオッ…と鳴く。主に昆虫類やミミズを食べる。オキナワイシカワガエルとは背面の色彩が異なること、腹面の模様が少なく、頭が小さいことで区別できる。奄美大島西部の個体は雌雄ともに非常に大型になることが知られている。環境省のRL2020では絶滅危惧ⅠB類、また環境省の種の保存法の国内希少野生動植物種、鹿児島県の天然記念物や指定野生動物種に指定。

1成体 2大きな斑がある：沖縄県 沖縄島 6月

## ◆オキナワイシカワガエル

生体・識別➡44頁 卵・幼生➡96頁

日本固有種。沖縄県の沖縄島北部「やんばる」と呼ばれる自然度の高い地域のみに分布する。自然林の残る河川上流域から源流域とその周辺の森に生息している。体色は草緑色で黄色味が強く出ることもある。背中に大きな褐色斑が散在する。渓流の苔むした岩の上で保護色となり、みつけることが非常に難しい。腹面は白っぽく、大きな暗色の模様が密にある。背面はイボ状隆起に覆われている。繁殖期は12月～4月で、源流近くの伏流水が溜まる岩穴等で行われる。オスは両ほほ近くにある鳴のうを膨らませてヒュー…と鳴く。幼生は越冬することもある。主にヤスデやサワガニを食べる。環境省RL2020では絶滅危惧ⅠB類、また環境省の種の保存法の国内希少野生動植物種、沖縄県の天然記念物に指定されている。

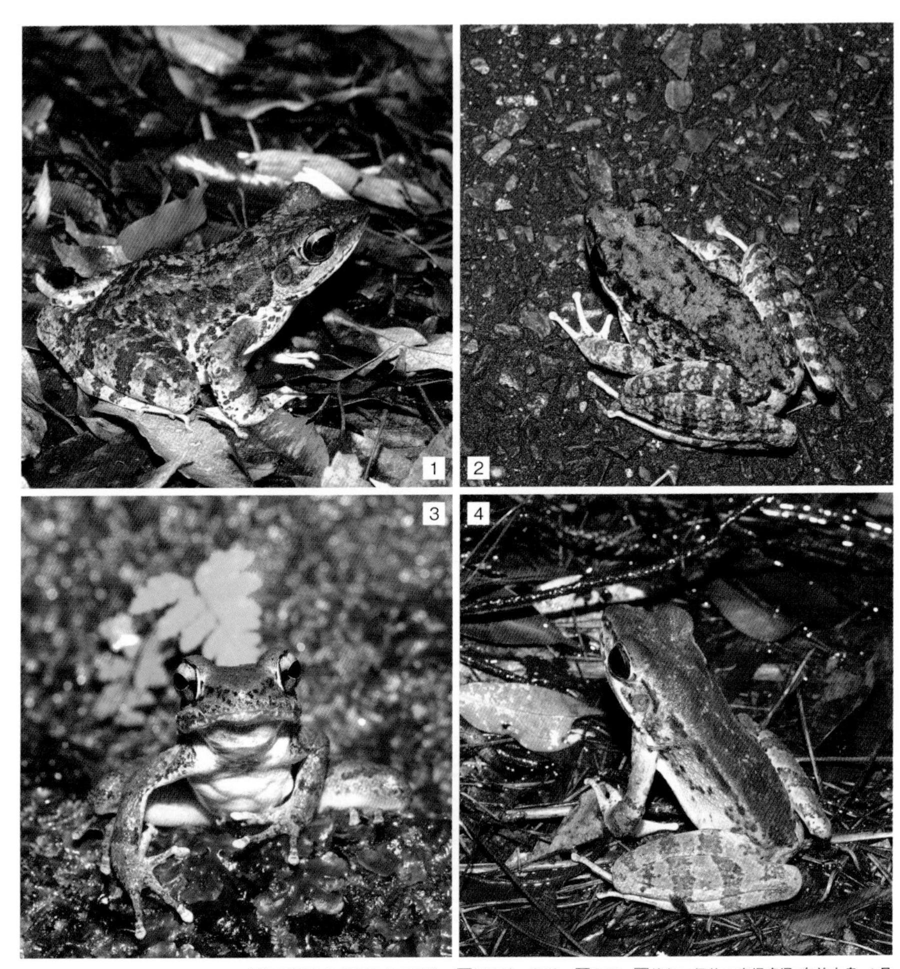

1こげ茶色に緑がまじる個体 2緑の強い個体 3正面 4茶色い個体：鹿児島県 奄美大島 4月

## ◆アマミハナサキガエル

生体・識別➡45頁 卵・幼生➡97頁

日本固有種。鹿児島県の奄美大島と徳之島に分布する。自然林の残る山地の渓流付近や森林内等でみられる。背中の体色は暗褐色から緑色のもの、まだら模様があるもの等変異に富む。後肢が長く、ジャンプ力に優れている。鼻孔は吻端部に近い場所にある。頭と体の幅が狭い。背面はなめらかで小さな顆粒が全身を覆う。背側線は明瞭ではなく、代わりにこの場所に小突起が並ぶ。繁殖期は10月中旬～5月上旬で、渓流の岩陰や滝壺等にクリーム色の卵の塊を産む。幼生は流水中で生活する。オスは下あごの付け根に1対の鳴のうを持ちピキュ、ピキュ、ピッ…と鳴く。主にサワガニや昆虫等を食べる。環境省RL2020では絶滅危惧Ⅱ類、また鹿児島県の天然記念物に指定されている。

1茶色い個体　2緑の強い個体　3色の薄い個体　4正面：沖縄県 沖縄島 9月



## ◆ハナサキガエル

生体・識別➡45頁　卵・幼生➡97頁

日本固有種。沖縄県の沖縄島北部のみに分布する。自然林で覆われた山地の渓流とその付近や林道等でみられる。背中の体色は茶褐色から緑色のもの、まだら模様が背中にあるもの等変異に富む。腹面にはまだら模様を持つことがある。四肢が長く、頭や体の幅は広くない。背面はなめらかだが、顆粒が全面を覆う。背側線は明瞭ではないがその場所に小突起が並ぶ。繁殖期は12月中旬～4月上旬にかけてで、滝壺や淵に、短期間に一斉に集まり産卵する。卵は白く小塊となって岩等に付く。オスは下あごの根元に1対の鳴のうを持ち、ピーッ、ピョピッ…と鳴く。主にムカデや昆虫等を食べる。繁殖期は冬だが捕食者であるヒメハブが狙って集まってくる。環境省RL2020では絶滅危惧Ⅱ類に指定。

1薄い茶色の個体　2緑が強い個体　3正面：沖縄県 石垣島 10月

## ◆オオハナサキガエル

生体・識別➡45頁　卵・幼生➡97頁

日本固有種。沖縄県の石垣島と西表島に分布する。山地から平地の河川付近や森林内でみられる。背中の体色は暗褐色から茶褐色であるが、時折、緑色の個体にも出会う。腹面は茶褐色から白っぽい色をしている。大型で前肢が太く、後肢が短いためか、あまりピョンピョン跳ねている姿はみかけない。鼻孔が吻端に近い場所にある。鼓膜の周りに顆粒がある。繁殖期は主に10月上旬～3月下旬で流れの緩やかな場所等の岩や落ち葉の上、滝壺等に小卵塊として産卵する。オスはあごの根元に1対の鳴のうを持ち、ウキュ、キュ、ウキュー…と鳴く。主にゴキブリやサワガニ、昆虫等を食べる。遺伝的にはハナサキガエルに近い。環境省RL2020では準絶滅危惧に指定されている。

1斑模様の個体　2茶色い個体：沖縄県 石垣島 10月



## ◆コガタハナサキガエル

生体・識別➡45頁

日本固有種。沖縄県の石垣島と西表島のみに分布する。山地の自然林の残る河川上流域の源流付近にみられる。背中の体色は茶褐色から緑褐色で、斑紋を持つこともある。腹面には薄いまだら模様がある。背面はなめらかだが、小隆起が全面を覆う。背側線は明瞭でないが、この位置に小突起がまばらに並ぶ。吸盤が発達しており、沢の岩上にちょこんといることが多い。繁殖は12月～4月に行われる。渓流源流部の水が残る岩下等で産卵するが詳細は不明。オスは下あごの根元にある1対の鳴のうを膨らませてキョー、ピョ、ピョー…と鳴く。主に昆虫類を食べる。石垣島と西表島の個体群での遺伝的な差が大きい。環境省RL2020では絶滅危惧ⅠB類、また環境省の種の保存法の国内希少野生動植物種、石垣市自然環境保全条例の保全種に指定。

1成体 2巣穴から顔を出す 3湿地の水たまりに現れる 4ぽっちゃりした体：沖縄県 石垣島 9月

## ◆ヤエヤマハラブチガエル

生体・識別➡46頁 卵・幼生➡98頁

沖縄県の石垣島と西表島に分布する。国外では台湾でみられる。平地から山地の小河川周辺や池沼、湿地にみられる。マングローブ林でもみられることがある。背中の体色は茶褐色から灰褐色、オレンジ色を帯びている個体もいる。背中線がある個体もみられる。上唇から前肢の付け根に白条がある。胴部は褐色で腹面は白い。背面には背側線がある。四肢は短く、後肢の水かきもあまり発達しない。繁殖期は3月～10月で、水際の泥地にドーム状の巣穴を掘り産卵する。ドームの天井は少し開いていることがある。幼生は降雨により巣穴から流れ出て水域に達する。オスはコッ、コッコッ…と琴を弾くように鳴く。環境省RL2020では絶滅危惧Ⅱ類、また石垣市自然環境保全条例の保全種に指定。

1川辺にやってきた　2正面　3産卵場所に２尾現れた：鹿児島県 奄美大島 ７月



## ◆オットンガエル

生体・識別➡46頁　卵・幼生➡98頁

日本固有種。鹿児島県の奄美大島と加計呂麻島のみに分布する。山地の自然林や二次林の湿地や渓流部、林道等でみられる。背面の体色は茶褐色で、腹面は白っぽい色をしている。体はがっちりしていて、頭部が幅広い。前肢も５本指で、第一指の内側には骨棘が収納されている。背面は滑らかで隆起の発達はそれほどないが、脇腹には隆起が並ぶ。繁殖期は４月～10月で、水がしみ出るような場所に30㎝ほどの丸く浅いくぼみを作り、シート状の卵を産卵する。オスはグッグッグッ、グフォン…とのどを大きく膨らませて鳴く。幼生は越冬することがある。主にサワガニやミミズ、昆虫を食べる。環境省RL2020では絶滅危惧ⅠＢ類、また環境省の種の保存法の国内希少野生動植物種、鹿児島県の天然記念物に指定されている。

1成体　2正面：沖縄県 沖縄島 9月

# ◆ホルストガエル

生体・識別➡46頁　卵・幼生➡98頁

日本固有種。沖縄県の沖縄島北部と渡嘉敷島に分布する。山地の自然林や二次林にある湿地等にすむ。背面の体色は茶褐色で腹面は白っぽい。オットンガエルと同様に虹彩は上下で色が違う。体はがっちりしていて頭部が広く、前肢は5本指で、第一指の内側に骨棘が収納されている。背面は滑らかで隆起の発達はそれほどみられない。繁殖期は4月下旬～9月上旬で山地の湿地脇等に30㎝ほどの丸く浅いくぼみをつくり、その中に産卵する。オスはグウォン、グウォン、グググ…と鳴く。幼生は越冬することもある。主にサワガニや昆虫等を食べる。沖縄島と渡嘉敷島の集団は遺伝的に分化していることが知られている。環境省RL2020では絶滅危惧ⅠB類、また環境省の種の保存法の国内希少野生動植物種、沖縄県の天然記念物に指定されている。

1成体　2鳴く　3抱接：滋賀県大津市 7月　4冬眠中：滋賀県大津市 2月



## ◆ヌマガエル

生体・識別➡47頁　卵・幼生➡99頁

国内では、本州の中部以西、四国、九州、奄美諸島、沖縄群島に分布する。国外では台湾西部、中国中部でみられる。関東には近年侵入し、対馬等に移入されている。水田や湿地、河川等でみられる。体色は暗灰色から灰褐色である。背中線を持つ個体や背が緑味を帯びた個体もみられる。腹面は白い。背面に小さな隆条がある。繁殖期は5月～8月で、水田や浅い沼に少量ずつ数度にわけて小塊を産卵する。オスはのど元にある鳴のうをハート型に膨らませてキャウ、キャウ…と鳴く。幼生は高温に耐えることができるため、田んぼや水たまりが高温になる遅い季節までみられる。主に昆虫やクモを食べているが共食いをし、アマガエル等も食べる。ツチガエルに似るが、腹面は白く、イボが少ない。

1背中に太い線を持つ個体 2模様がない個体 3抱接 4正面：沖縄県 西表島 8月

## ◆サキシマヌマガエル

生体・識別➡47頁 卵・幼生➡99頁

日本固有種。宮古諸島、八重山諸島に分布する。沖縄県の南・北大東島に移入されている。平地から山地の水田や河川に多くみられる。水辺から離れた山中の林道等でも観察される。ずんぐりしたカエルだが跳躍力は力強く、すばしっこい。ヌマガエルに似るが後肢が長い。背中の体色は灰色から茶褐色で、様々な太さの背中線を持つ個体がみられる一方、全く持たない個体もいる。背面が緑色を帯びている個体もいる。腹面は白い。繁殖期は4月～8月で、水田や池、水たまり等に少量ずつ数回にわけて産卵する。オスはのど元にある鳴のうをハート形に膨らませクゥワー、クゥワー、ケレー、ケレー…と鳴く。主に昆虫やクモを食べる。生息地では数が多いため、よくヘビ等に捕食される。

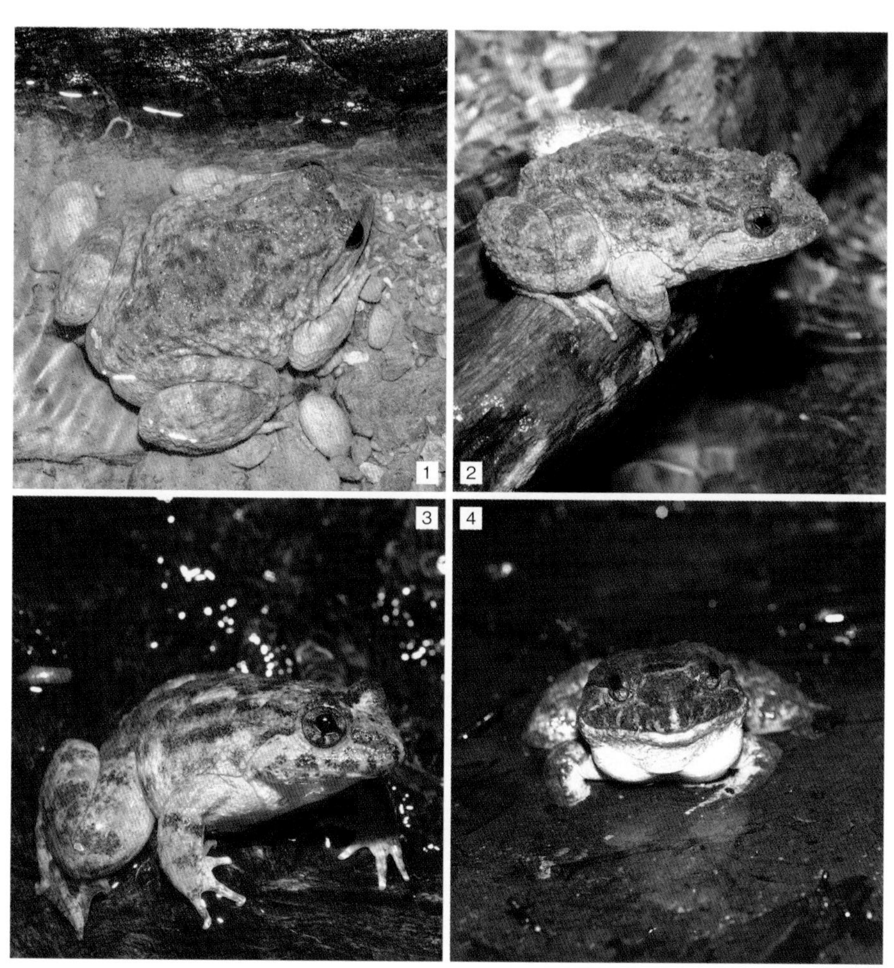

1水中にいた　2水辺に現れた個体　3成体　4鳴く：沖縄県 沖縄島 8月

## ◆ナミエガエル

生体・識別➡47頁　卵・幼生➡99頁

日本固有種。沖縄県の沖縄島北部のみに分布する。自然林が多く残る山地の渓流環境にすむ。水場に依存する傾向が強い。背中の体色は黄褐色や茶褐色、灰褐色で腹面は白い。瞳孔は菱形で赤褐色である。頭でっかちなため吻端が尖ってみえ、鼓膜は外見からは確認できない。体型はおむすび型をしている。オスはメスよりも大きくなり、下あごに1対の牙を持っている。繁殖期は4月下旬〜6月下旬にかけてで、源流域の浅くて流れのゆるやかな砂泥底にバラバラと産み落とす。オスはグォーッ、グォーッ…と鳴く。サワガニ、ミミズ、カエル等を食べる。水中でも餌をとることができる。環境省RL2020では絶滅危惧ⅠB類、また環境省の種の保存法の国内希少野生動植物種、沖縄県の天然記念物にも指定されている。

1鳴く 2卵を産む準備をするメス 3産卵：滋賀県高島市 6月

## ◆モリアオガエル

生体・識別➡48頁 卵・幼生➡100頁

日本固有種。本州（茨城県を除く）、佐渡島に分布する。平地から山地の水田や池、沼、森林付近でみられる。背面はサメ肌状。背中の体色は暗褐色から緑色、黒く縁取られた茶褐色や赤い斑紋、黒いまだら模様、全く模様がない等の個体差がある。虹彩は赤色で、黄色いシュレーゲルアオガエルと区別できる。発達した吸盤を持ち、上手に木に登る。繁殖期は４月～７月で、池や水田近くの木の枝や地上に産卵する。水辺に張り出した木の上に鈴なりにぶら下がる卵は初夏の風物詩のひとつ。１匹のメスに複数のオスが抱接し産卵に加わる。オスはのど元の鳴のうを膨らませてカララ…コロコロ…と鳴く。主に昆虫やクモを食べる。岩手県・大揚沼、福島県・平伏沼の繁殖地は国の天然記念物に指定。

1成体 2蛙合戦 3鳴く 4産卵：滋賀県大津市 4月

## ◆シュレーゲルアオガエル

生体・識別➡48頁 卵・幼生➡102頁

日本固有種。本州、四国、九州に分布する。平地から山地の水田や草地にみられる。背面はなめらか。背中の体色は暗褐色から鮮やかな緑色で、黄色い斑紋が出る個体もいる。腹面は白っぽい。虹彩は黄色い。繁殖期は４月〜８月上旬で水田の畔や湿地等の土中に白い泡に包まれた卵を産む。１匹のメスに複数のオスが抱接に加わることがある。オスはメスを呼ぶためにのど元にある鳴のうを膨らませてリリリリリ…と鳴く。主に昆虫やクモを食べる。ニホンアマガエルに似ているが眼の前後に黒い模様がなく、メスはずっと大きい。モリアオガエルとは大きさが小さいこと、虹彩が赤みを帯びないことで区別ができる。名前の由来はオランダの研究者シュレーゲル氏にちなんだものである。

1木を登る　2鳴く　3抱接：鹿児島県 奄美大島 3月

## ◆アマミアオガエル

生体・識別➡49頁　卵・幼生➡102頁

日本固有種。鹿児島県奄美大島、徳之島に分布する。低地から山地の海岸付近から森林まで幅広くみられる。背面は小さな顆粒で覆われる。背面の体色は暗褐色から鮮やかな緑色で、腹面は白っぽい色をしている。後肢の腹面に薄い模様が出る場合と砂粒状の模様が出ることがある。虹彩は黄色っぽいが鮮やかな緑色になることがある。繁殖期は12月〜5月で、水田や池近くの草むら、植物の根元、地面、木の枝等に泡で包まれた卵塊を産む。オスはメスを呼ぶためにのど元にある鳴のうを膨らませて、ルリリ、ルリリ…と鳴く。オキナワアオガエルより大きく皮膚がざらざらしている。また卵塊もやや大きい。普段は低木の上やクワズ芋の葉の上で休む姿をみかける。主にクモやハエを食べる。

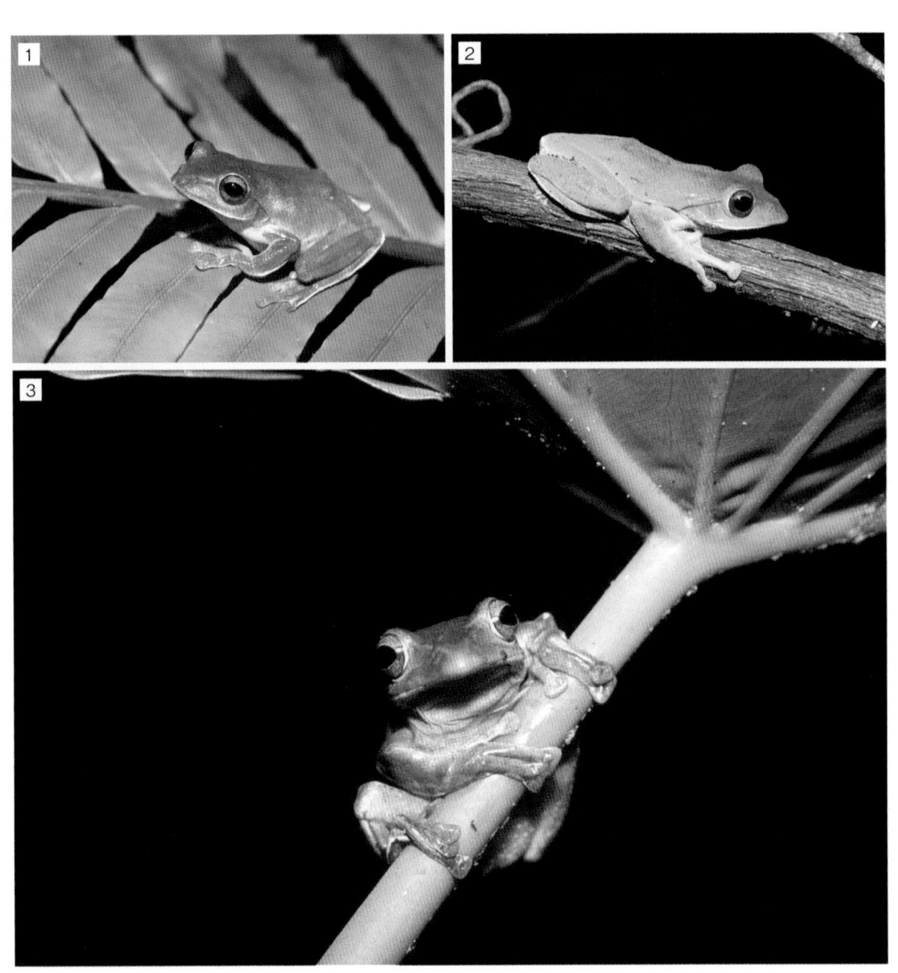

1成体 2木に登る 3クワズイモの葉につかまる：沖縄県 沖縄島 4月

## ◆オキナワアオガエル

生体・識別➡49頁 卵・幼生➡103頁

日本固有種。沖縄県の沖縄島、伊平屋島、久米島に分布する。低地から山地の草地から森林まで幅広くみられる。背面はサメ肌状にならず、ほぼなめらかである。背面の体色は暗褐色から鮮やかな緑色で、腹面は薄い黄色である。体側と後肢の太ももの後ろには暗褐色の点状の斑紋が多数ある。眼の虹彩は黄色から鮮やかな緑色を帯びている。繁殖期は12月～7月であり、水田や湿地、林道の水たまりの地面や木の枝、土手等に泡に包まれた卵を産む。オスはメスを呼ぶためにのど元にある鳴のうを膨らませてリリリ…やコロロ…と鳴く。日中はクワズ芋やバナナの葉の上で休む姿をよくみかけるが、夏から秋にかけてあまり姿をみかけない。主に昆虫やクモを食べる。

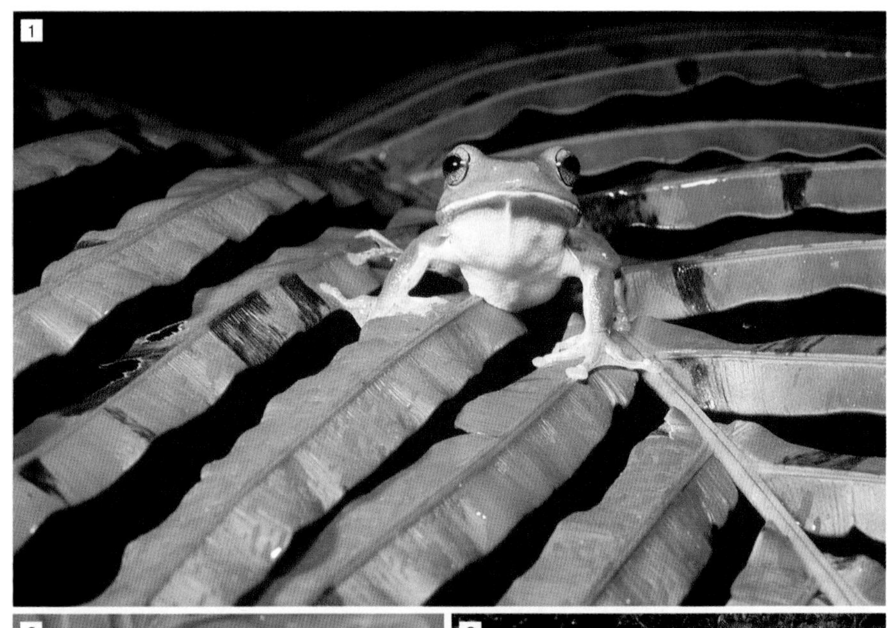

1葉の上でメスを待つ　2オス　3産卵：沖縄県 石垣島 4月



## ◆ヤエヤマアオガエル

生体・識別➡49頁　卵・幼生➡103頁

日本固有種。沖縄県の石垣島と西表島にのみ分布する。低地から山地の水田や湿地と周辺の森でみられる。背面にはサメ肌状に顆粒が散在する。背面の体色は鮮やかな緑色や黄緑色で、腹面は淡い黄色味を帯びている。脇腹から後肢の太ももにかけて斑紋がある。この斑紋はオキナワアオガエルに比べると小さく点状で数が少ない。また、頭は大きく扁平で後肢も短い。繁殖は12月～3月に、水田や湿地、池の近くの草むらや木の上、土中や草の根元等で行われる。泡に包まれた卵を産み、雨等により孵化した幼生は水場へ移動する。オスはのど元にある鳴のうを膨らませてフィロロロ…と鳴く。日中はクワズ芋の大きな葉の上で休んでいることが多い。主にクモやハエ等を食べる。

1木の上にいることが多い　2産卵中：沖縄県 宮古島 10月



## ◆シロアゴガエル

生体・識別➡50頁　卵・幼生➡104頁

沖縄県の沖縄島に移入され、宮古島等に侵入して問題になっている。軍事物資等に紛れてフィリピンから国内に入ったと考えられている。海岸付近から山間部まで急速に分布を広げている。特に市街地や耕作地に多くみられる。背面をサメ肌状に顆粒が覆う。背面の体色は茶褐色で上あご周辺が白い。背中に黒い縦条が入る個体もみられる。腹面は淡く黄色味を帯びている。繁殖期はほぼ一年中で、水田や湿地、池等の近くに薄茶色をした泡に包まれた卵を産む。オスはのどの下に鳴のうを持ち、グィッ…と鳴く。幼生は眼が離れていること、尾は中央部で幅が広くなること、吻端に白斑を持つこと等で他種と容易に区別がつく。主に昆虫やクモを食べる。環境省の特定外来生物に指定されている。

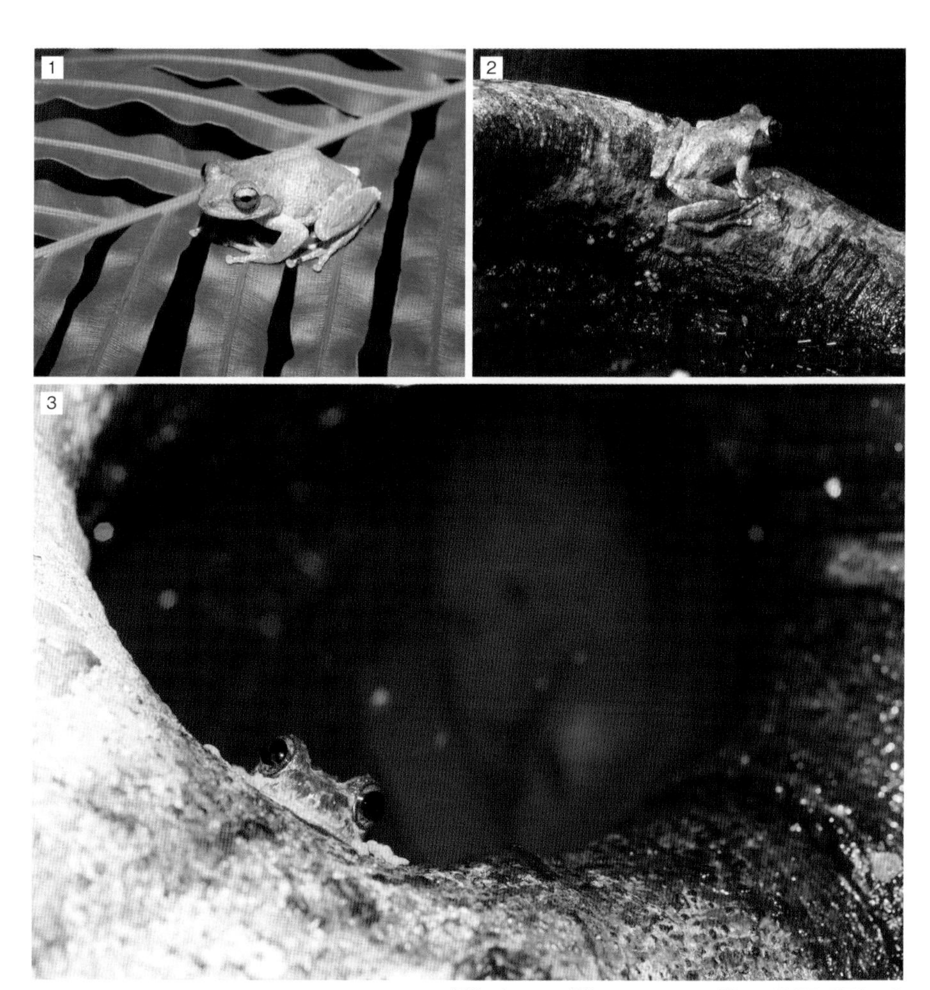

1葉の上にいた　2卵のまわりにいた　3正面：沖縄県 石垣島 9月

## ◆アイフィンガーガエル

生体・識別➡50頁　卵・幼生➡104頁

沖縄県の石垣島と西表島に分布する。国外では台湾にみられる。山地の森林にすむ。背面に小さい顆粒が多くみられる。背中の体色は灰褐色や灰白色であり、まだら模様がある個体もいる。腹面は白っぽい。大きく白っぽい目が特徴的で大部分を樹上で過ごす。繁殖は年中みられ、森林にある樹洞等で行われる。年中雨水が溜まるような場所で水面より少し上に産み付ける。オスは時折やってきて卵に湿り気を与えて保護をする。メスは幼生の食料として無精卵を産み落とす。幼生がすむ水たまりにお尻をつけると、幼生がつつき、その刺激で卵を産み出すと言われている。幼生は、卵を吸い取りやすいおちょぼ口を持つ。オスはのど元の鳴のうを膨らませてピッ、ピッ、ピッ…と鳴く。主に昆虫やクモを食べる。

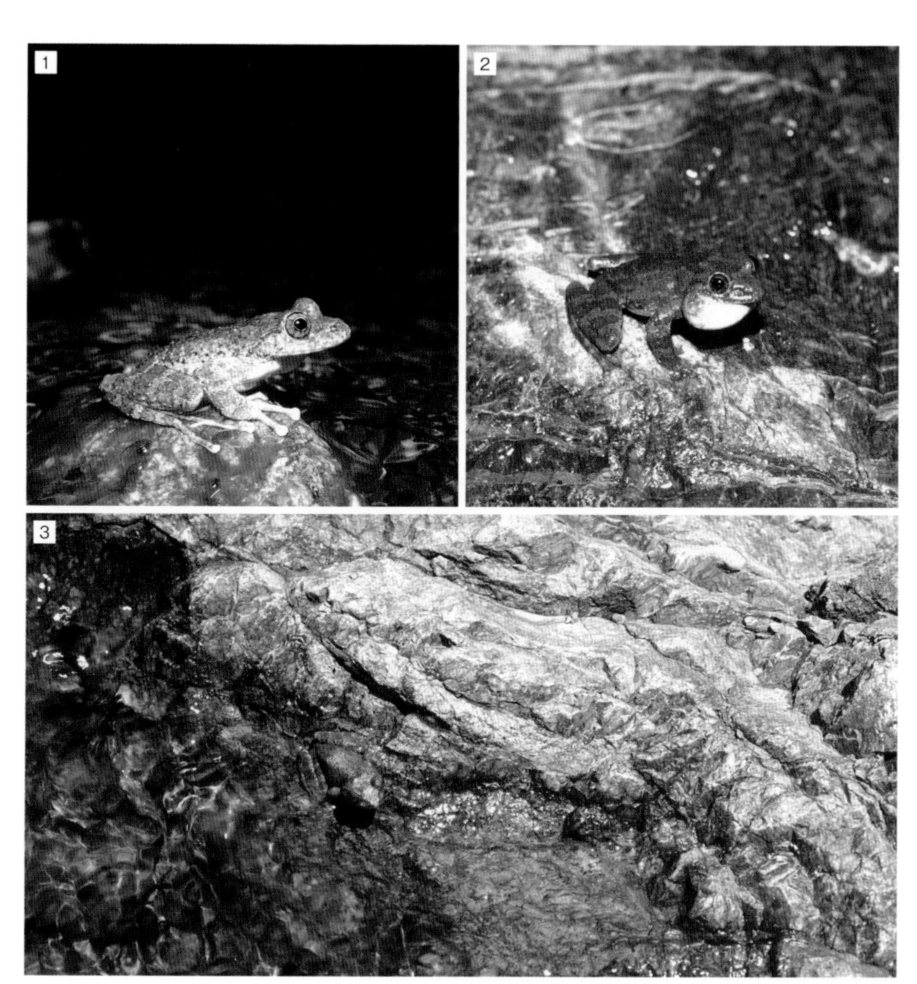

1オス　2鳴く　3岩に擬態する：滋賀県大津市 5月

## ◆カジカガエル

生体・識別➡50頁　卵・幼生➡105頁

日本固有種。本州、四国、九州に分布する。平地から山地の河川中流から上流、渓流周辺でみられる。背面には小さな隆起が多くみられる。背中の体色は灰褐色から茶褐色で、まだら模様に覆われている。腹面は白っぽい。これらの体色は保護色として有効で、よく似た色の岩にくっついているとみつけにくい。繁殖期は４月〜８月で、卵は幅広い渓流にある水中の石下に小さな塊として産み出される。オスはのど元にある鳴のうを膨らませ、フィー、フィー、フィフィ…と非常に美しい声で鳴く。幼生は大きな口器で岩等にくっ付き藻類を食べる。変態後は主に昆虫やクモを食べる。地理的な形態的・遺伝的変異がみられる。岡山県真庭市湯原と山口県岩国市南桑の生息地が国の天然記念物に指定されている。

1正面：鹿児島県 奄美大島 5月　2成体　3鳴く：沖縄県 沖縄島 5月

## ◆リュウキュウカジカガエル

生体・識別➡51頁　卵・幼生➡105頁

日本固有種。トカラ列島口之島以南の琉球列島北部と中央部に分布する。海岸付近から民家周辺、山地まで幅広くみられる。地色は茶褐色から灰褐色、ときに黄色い個体等様々。腹面は白い。背面には小さな顆粒が多い。両目にかけて帯状の肩部には大型のX字状の斑紋がみられる。頭でっかちで目が大きい。四肢は細いがジャンプは優れている。産卵期は4月〜9月で道路脇の水が染み出ているような場所から、溝、渓流等流れがゆるやかな場所に、ばらばらに少量ずつ産卵する。国内にすむ同属のカジカガエルよりずっと小さい。オスはのど元にある鳴のうを膨らませてリィーリィリィ…と美しい声で鳴く。昆虫やクモを主に食べる。西表島、石垣島、台湾北部にみられる個体群は2020年に別種になった。

1正面　2体色が茶褐色の個体　3体色が黄色い個体：沖縄県石垣島 5月

## ◆ヤエヤマカジカガエル

生体・識別➡51頁

琉球列島南部の西表島、石垣島。国外では台湾北部に分布する。低地から山地までの草地や森林、河川のほかに、道路脇の側溝等様々な環境でみられる。地色は茶褐色から灰褐色、黄色い個体等様々。腹面は白く、背面に小さな顆粒と大型のX字状の斑紋がみられる。オスよりもメスの方が大きい。リュウキュウカジカガエルに比べると頭部が小さく、下あごの縁の黒い斑点が多い事で区別がつく。産卵期は3月～11月で、流れがゆるやかで浅い小川や溝、水たまりに、少量ずつばらばらに産卵する。リュウキュウカジカガエルと形態学的、遺伝学的に差がみられ2020年に別種となった。この種の記載により中琉球と八重山諸島との間でみられる両生類に共通種がいなくなり、八重山諸島の独自性がさらに強いものとなった。

1将棋のこまのような体型　2抱接　3鳴く　4産卵：鹿児島県 奄美大島 4月

## ◆ヒメアマガエル

生体・識別➡51頁　卵・幼生➡106頁

日本固有種。鹿児島県奄美大島、喜界島以南の南西諸島（八重山諸島は除く）に分布する。海岸近くから山地まで広くみられ、草むらや湿地等に多くみられ、落ち葉等に隠れて過ごす。地色は茶褐色で、背面には雲状斑紋がある。頭部と口がとても小さい。ジャンプ力が非常に優れている。産卵期は3月～7月に多いが、1年を通して産卵している。林道の水たまりや池、沼等に、水面に浮く小さなシート状の卵を産む。オスはのど元にある大きな鳴のうを膨らませ鳴く。幼生は体が扁平で目が両端にある。半透明で内臓が透け、噴水孔が腹面にある等特異な形をしている。上陸すると、アリやシロアリを主に食べる。日本最小のカエルのひとつ。八重山諸島にすむ個体群は2020年に別種となった。

1鳴く　2水辺でメスを待つオス　3頭部が非常に小さい：沖縄県石垣島 6月

## ◆ヤエヤマヒメアマガエル

生体・識別➡51頁

日本固有種。八重山諸島の石垣島、竹富島、小浜島、西表島、波照間島、台湾北西部に分布する。黒島には人為移入、与那国島にはみられない。低地から山地にかけての森林、草原等にみられる。ヒメアマガエルに比べ、体が大きく後肢がやや短い。腹面の模様がのどから腹部まで広がることで区別がつく。産卵期は2月～10月に多いが、1年を通して産卵している。林道の水たまりや池、沼等に、水面に浮く小さなシート状の卵を産む。ヒメアマガエルとともに日本最小のカエルのひとつ。ヒメアマガエルと系統学的に差がみられたことから2020年に別種となった。日本でみられる両生類は、この種の記載により奄美大島から沖縄本島にかけての中琉球と呼ばれる地域と八重山諸島との間での共通種がいなくなり八重山諸島の独自性がさらに強いものとなった。

# 和名索引
INDEX

# 学名索引

INDEX

## ■協力者・団体（五十音順）

青木修一、荒木克昌、飯村茂樹、今村淳二、岩田貴之、江頭幸士郎、大川博志、大沼弘一、岡田 純、奥山秀輝、奥山英治、鬼久保篤男、小野村一人、金丸英稔、神松幸弘、川添宣広、川原二朗、木村青史、草間 啓、佐久間聡、佐藤眞一、島田知彦、周藤恭裕、立脇康嗣、田村 毅、田守泰裕、田邊眞吾、辻 悠祐、寺岡誠二、照井滋晴、徳善政明、永松麻里、西川完途、長谷川 巌、長谷川行孝、福富雅哉、藤田宏之、伏見 純、松尾公則、松沢陽士、松村しのぶ、水谷 継、山口慶子、吉川夏彦、吉川貴臣、渡辺昌和、渡部 孝、魚津水族館、北九州・魚部、京都水族館、広島市安佐動物園、日本両棲類研究所

## ■参考文献

1）日高敏隆（監修）千石正一・疋田 努・松井正文・仲谷一宏（編）「日本動物大百科 第5巻 両生類・爬虫類・軟骨魚類」、平凡社、1996
2）松井正文「両生類の進化」、東京大学出版会、1996
3）前田憲男・松井正文「改訂版　日本カエル図鑑」、文一総合出版、1999
4）内山りゅう・沼田研児・前田憲男・関 慎太郎「決定版　日本の両生爬虫類」、平凡社、2002
5）松井正文・疋田 努・太田英利「NEO　両生類・はちゅう類」、小学館、2004
6）松井正文・関 慎太郎「カエル・サンショウウオ・イモリのオタマジャクシハンドブック」、文一総合出版、2008
7）前田憲男・上田秀雄「声が聞こえるカエルハンドブック」、文一総合出版、2010
8）西川完途「オオサンショウウオ科―チュウゴクオオサンショウウオ―」、クリーパー社、クリーパー(54)：44-49、2010
9）環境省編「レッドデータブック 2014 3 爬虫類・両生類」、ぎょうせい、2014
10）奥山風太郎・松橋利光「山渓ハンディ図鑑９　増補改訂 日本のカエル＋サンショウウオ類」、山と渓谷社、2015
11）吉川夏彦「最近の日本産ハコネサンショウウオ属の分類に関する雑記」、日本両生類研究会、両生類誌(27)：1-8、2015
12）環境省編「環境省レッドリスト 2018」（https://www.env.go.jp/press/105504.html）
13）松井正文・前田憲男「日本産カエル大鑑」、文一総合出版、2018
14）井上大輔・関 慎太郎「特盛山椒魚本」、北九州魚部、2019

標準和名と学名は日本爬虫両棲類学会の「日本産爬虫両生類標準和名リスト」に従った。
（http://herpetology.jp/wamei/index_j.php）

■著者プロフィール

## 関 慎太郎（せき しんたろう）

1972年兵庫県生まれ。自然写真家。日本両棲類研究所展示飼育部長。AZ Relief代表。身近な生き物の生態写真撮影がライフワーク。滋賀県や京都府の水族館立ち上げに関わる。著書に『野外観察のための 日本産 爬虫類図鑑』『日本のいきものビジュアルガイド はっけん！ ニホンヤモリ』『日本のいきものビジュアルガイド はっけん！ ニホンイシガメ』『世界 温帯域の淡水魚図鑑』『日本産 淡水性・汽水性エビ・カニ図鑑』（いずれも緑書房）、『うまれたよ！ イモリ』（岩崎書店）、『減っているってほんと！？ 日本カエル探検記』（少年写真新聞社）等多数。
ウェブサイト https://www.az-relief.com/

■監修者プロフィール

## 松井 正文（まつい まさふみ）

1950年長野県生まれ。1972年信州大学繊維学部卒、1975年京都大学大学院理学研究科博士課程中途退学、1984年理学博士。1998年京都大学大学院人間・環境学研究科教授を経て、2015年4月より京都大学名誉教授。専門は両生類の分類学、系統学、生物地理学。日本爬虫両棲類学会会長や環境省各種委員を歴任する両生類研究の第一人者で、数多くの新種の記載を行う。著書に『カエル―水辺の隣人』（中公新書）、『両生類の進化』（東京大学出版会）、共著に『改訂版 日本カエル図鑑』『日本産カエル大鑑』（ともに文一総合出版）、分担執筆に『NEO　両生類・はちゅう類』（小学館）等多数。

ミカワサンショウウオ

# 第3版発行にあたって

2016年3月に初版が発刊されてから早5年を迎えようとしているが、この間に、日本の両生類研究は激動の時代に突入した。特に小型サンショウウオの種の増加は顕著で、特に広域分布種だと思われていた種の中に、実は複数種が含まれていたことがわかった。例えば、カスミサンショウウオ、ブチサンショウウオ、コガタブチサンショウウオとされていた種から13種が追加されることになり、両生類を追う私としては以前にも増して、全国を飛び回る機会が増えていた。

緑書房編集部から第3版のお声がけをいただいたのは、そんな折のことだった。これは多くの方が両生類に興味を持っている証拠であり、僕にとってこの上ない喜びであった。この感謝の気持ちをお返しするためには、やはり、できるだけ多くの写真と最新の知見でもって取りかからなくてはならない。新情報を満載にした第3版にしたいという思いが込み上げてきたのである。

新たな種の撮影は想像よりはるかに難しい。そもそも生息地が狭く、発見例が少ないのだ。多くの方々のサポートがなければ、彼らの姿を写真に収めることは不可能だっただろう。本書の制作にあたり、ご協力いただいた全ての皆様へ、深く感謝申し上げたい。そして本書は第3版の完成がゴールというわけではない。両生類研究は成長著しい分野であり、第4版に向けて、常に最新のデータに目を光らせておかなければならない。これは著者としての責務である。

「日本にはこんなにもすばらしい生き物たちがいることを、少しでも多くの方に伝えたい」という初版時の思いは、これからも変わることはない。初版や第2版を購入された方も初めて手に取る方も、本書を通して両生類の虜になっていただきたい。

2020年12月

自然写真家
関 慎太郎

野外観察のための
# 日本産 両生類図鑑 第3版

2016年 3月 1日 初版発行
2018年11月10日 第2版発行
2021年 2月 1日 第3版第1刷発行

著　者　関 慎太郎
監修者　松井 正文
発行者　森田 猛
発行所　株式会社 緑書房
〒103-0004
東京都中央区東日本橋3丁目4番14号
TEL 03-6833-0560
https://www.midorishobo.co.jp
編　集　秋元 理
デザイン　メルシング
リリーフ・システムズ
印刷所　図書印刷


ISBN 978-4-89531-581-4　Printed in Japan
落丁、乱丁本は弊社送料負担にてお取り替えいたします。